电子信息前沿技术丛书

Applications in Communication Technology of Brillouin Scattering in Optical Fiber

光纤中的布里渊散射效应
在通信技术中的应用

王如刚 周锋 著

Wang Rugang　Zhou Feng

清华大学出版社
北京

内 容 简 介

为了获得高频通信系统中的可调谐微波信号源,本书首先分析了高频微波信号光学产生方法的国内外研究进展;在分析光纤中受激布里渊散射效应的基础上,设计了单纵模环形腔布里渊激光器;利用获得的单纵模激光器,提出了基于单纵模激光器融合布里渊散射移频单元的多带宽高频微波信号产生的方法,并分析了微波信号的性能;提出并实验验证了多环结构受激布里渊散射效应的微波信号产生的方法;从理论上分析了受激布里渊散射放大效应的基本原理,提出了获得多波长布里渊激光器的方法,利用该多波长激光器,实验分析获得了高频微波信号产生的方法;从理论上分析了布里渊散射效应在通信系统中的信号传输速度的控制性能,提出了高频通信系统速度控制系统的方法,并分析了其性能。

图书在版编目(CIP)数据

光纤中的布里渊散射效应在通信技术中的应用/王如刚,周锋著.—北京:清华大学出版社,2017
(电子信息前沿技术丛书)
ISBN 978-7-302-45678-0

Ⅰ.①光…　Ⅱ.①王…　②周…　Ⅲ.①布里渊散射－应用－光纤通信－研究　Ⅳ.①TN929.11

中国版本图书馆 CIP 数据核字(2016)第 283983 号

责任编辑:文　怡
封面设计:李召霞
责任校对:梁　毅
责任印制:沈　露

出版发行:清华大学出版社
　　　　网　　　址:http://www.tup.com.cn,http://www.wqbook.com
　　　　地　　　址:北京清华大学学研大厦 A 座　　　　　　邮　　编:100084
　　　　社 总 机:010-62770175　　　　　　　　　　　　　邮　　购:010-62786544
　　　　投稿与读者服务:010-62776969,c-service@tup.tsinghua.edu.cn
　　　　质量反馈:010-62772015,zhiliang@tup.tsinghua.edu.cn
　　　　课件下载:http://www.tup.com.cn,010-62795954
印 装 者:北京嘉实印刷有限公司
经　　销:全国新华书店
开　　本:185mm×260mm　　印　　张:11.25　　　字　　数:171 千字
版　　次:2017 年 2 月第 1 版　　　　　　　　　　印　　次:2017 年 2 月第 1 次印刷
印　　数:1～2000
定　　价:49.00 元

产品编号:072231-01

FOREWORD

随着互联网业务和网络电视等多媒体业务的迅速发展,无线通信技术已经发展到了新的阶段,但随着用户数量的增多以及对带宽需求的增加,无线通信系统又面临频谱资源受限的挑战。为了解决此问题,无线通信技术必须拓宽频率范围,将通信频段提高至微波信号频段,因此,光载无线技术应运而生。光载无线技术结合光纤通信技术和无线通信技术,充分利用了光纤低损耗、高容量以及抗电磁干扰等优点,能够实现低成本、大容量的超宽带无线接入和有线传输,为下一代融合接入网提供了技术支撑。同时,光载无线技术既能满足信号带宽的需求,又能克服未来的光无线接入网中的频率拥堵等问题。在光载无线技术中,微波信号的光学产生是实现低成本高性能光载无线传输系统的关键,而使用电子器件产生微波信号的传统方法受限于电子器件的瓶颈,对产生高频微波信号具有一定的挑战性。目前,使用光学方法产生微波信号是最有前途的解决方案,在过去的几年里,国内外对光生微波技术开展了大量的研究。从这些研究可以看出,布里渊散射效应是光纤中常见的一种散射,其散射光相对入射光具有一定的频移,且频移量与外界环境的温度和应力呈线性关系。利用光纤中的布里渊散射特性可以实现微波信号的产生、交换及获取等,这些方面都是实现光载无线技术的核心。因此,系统地研究光纤中的布里渊散射效应在光载无线通信技术中的应用,不仅具有学术价值,而且具有十分重要的社会意义。

本书首先讨论光纤中泵浦光场、斯托克斯光场和声波场之间相互作用而产生自发和受激布里渊散射的机理,分析光纤中布里渊散射的性能,设计单纵模布里渊激光器;其次,利用获得的单纵模布里渊激光器,提出基于单纵模激光器融合布里渊散射移频单元的多带宽微波信号产生的方法,并分析产生的微波信号性能;在此基础上,提出并实验验证多环结构的布里渊散射效应的微波信号产生方法;从理论上分析受激布里渊散射放大效应的基本原理,利用受激布里渊放大效应结合获得的单纵模布里渊激光器,提出多波长布里渊激光器的方法,利用该多波长布里渊激光器设计高频微波信号产生的方案;分析布里渊散射光电振荡器微波信号产生的基本原理,提出利用光注入 DFB 激光器结合液芯单模光纤布里渊散射效应的光电振荡器微波信号产生的技术;最后,分析多布里渊增益线的纵模间隔对信号延迟和增益控制性能的影响,获得优化的纵模间隔,针对目前的高速通信系统,提出基于半导体激光器的高频通信速度控制系统,通过实验分析可调谐和多通道宽带控制系统的性能。

希望以上的研究方法和观点能够对我国微波信号光学产生技术的研究与实现提供一些技术上的支持,对关注光纤通信和光纤传感技术发展的学者以后的进一步研究提供一些借鉴,为光电子技术企业经营者的理性决策提供一些参考。

本书得到了盐城工学院学术专著出版基金、江苏省六大人才高峰项目(DZXX-028)、中国博士后科学基金资助项目(2015M571637)、江苏省产学研前瞻性项目(BY2015057-39,BY2016065-03)、江苏省高校自然科学研究基金项目(14KJB510034)和盐城工学院人才引进(KJC2013014)项目的资助。

由于作者水平有限,时间仓促,不足和不妥之处在所难免,恳请读者批评指正。

作者

2016 年 8 月

目录

CONTENTS

第1章

绪　　论

1.1　研究意义

随着信息技术的迅速发展,信息的交换及传输量飞速增加,对带宽的需求随之增加,此外,系统的灵活性也是不可缺少的要素,因此,无线与宽带技术将成为通信和信息系统需要重点关注的技术。目前,电子技术的发展速度已经远远赶不上信息容量的急速增长,出现了带宽的限制和交换系统的电子瓶颈等问题,因此,提出了建立全光信息系统的要求。目前,全光通信系统中单信道传输速率已突破100Gb/s,全光信息系统信息传输容量也已突破10Tb/s,且正向更智能、更高速率的目标发展。在高速无线通信系统中,高质量的可调微波源起着至关重要的作用,光学技术在可调谐微波信号源的实现方面显示出电子技术无法比拟的优势,充分利用光学技术的带宽优势实现高频可调谐微波信号的产生和处理就显得非常重要。目前,报道的微波信号光学产生的方法,主要集中在利用强度或者相位调制器的外部调制方法[1]、注入锁定[2-5]和光电振荡器(OEO)[6-8]等方法。通过这些方法的研究,使得光生微波信号源的质量有了一定的提高。外调制和光注入的方法实现原理相对简单,但所产生的微波信号相位噪声比较高,差频光的转换效率较低;光电振荡器的方法主要是采用融合光信号和电信号的复合谐振腔原理产生低相位噪声的微波信号,可以有效地降低相位噪声,获得较高质量的微波信号,但在实现宽带调谐方面就显得相对复杂和困难。从这些报道中可以看出,光生微波信号产生方法是获得高频微波信号的有效手段,受到国内外研究人员的高度关注,但基于光生技术的高稳定、低相位噪声和大调谐范围的高性能微波信号的产生,仍然是有待进一步解决的技术难题。

1.2　高频微波信号光学产生方法的国内外研究现状

1.2.1　外部调制方法

由于具有良好的可调谐性和较低的相位噪声等优点,利用外部调制产生微波信号的方法成为最重要的方法之一,在该方法中,低频微波信号被调制到载波上产生高阶边频信号,再通过滤波器选取所需的边频信号获得微波信号。

1992 年,J. J. Oreilly 等首次利用马赫-曾德(M-Z)干涉仪的外部调制方法获得了微波信号,通过调节调制器的偏置电压,有效抑制高阶边带信号,获得了 36GHz 的倍频信号[9]。随后,国内外研究人员做了大量工作,并取得了可喜的进展[10-15]。例如,2013 年,L. Gao 等提出了相位编码的微波信号产生方法,该方法使用两个串联的极化调制器,误码分析仪发出的信号驱动第一个调制器,用来控制偏振光的偏振方向,微波信号源驱动第二个调制器,同时给误码分析仪提供一个参考信号,确保两个调制器的偏振方向相同,利用偏振控制器结合偏光器构成马赫-曾德干涉仪调制器,获得了 10GHz、20GHz、30GHz 和 40GHz 的可调谐微波信号,其系统结构如图 1-1 所示[14]。

2015 年,Hao Chen 等提出并实验验证了一种可调谐微波信号产生的

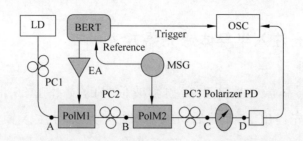

图 1-1 相位编码的微波信号产生系统的结构示意图

方法,设计了基于马赫-曾德干涉仪和色散介质的双通道微波光子滤波器,利用该滤波器选取外部调制器的高阶边带信号,调节马赫-曾德干涉仪中的可变光纤延迟线长度,实现了输出微波信号的可调谐性,获得了高频可调谐微波信号的输出,其系统结构如图 1-2 所示[15]。

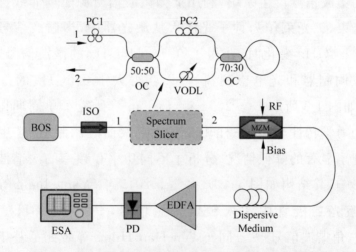

图 1-2 外部调制的可调谐微波信号产生系统的结构示意图

经过近年来的发展,利用外部调制的方法获得微波信号取得了一定的进展,已经成为一种高效的微波产生方法,但是在这类方法中,必须首先使用高速调制器和微波信号源驱动调制器产生移频信号,再通过光学滤波器选择合适的边带成分光,获得所需的微波信号。通过微波信号直接调制半导体激光器具有控制方法简单和较高稳定性的优点,但是,由于半导体激光器自身内部的特点,使得输出的微波信号频率和调制深度受到一定的限制,同时,由于外部调制器的插入损耗较高以及需要高功率激光器,这些都将限制该方法的实用性。

1.2.2　光注入半导体激光器方法

光注入半导体激光器产生高频微波信号的技术在 20 世纪 80 年代由 Goldberg 等首先提出[16]。随后,国内外研究人员对注入锁定激光器光生微波/毫米波方法进行了深入广泛的研究[17-23]。2013 年,Junping Zhuang 等研究了单周期振荡的光注入双环结构的微波信号产生方法,利用单周期振荡特性,光注入半导体激光器可直接产生具有调频特性的单边带信号,有效抑制了光纤色散及非线性效应,获得了 45.424GHz 的微波信号,其线宽小于 50kHz[20]。2013 年,Garett J. Schneider 等提出了基于边带注入锁定激光器的微波信号产生系统,利用低频微波信号源驱动非线性电光器件产生宽带光束,该光束作为种子光注入从激光器中,当微波信号源的驱动信号从 0.5～4GHz 变化时,获得了 0.5～110GHz 的微波信号,若使用高性能的相位调制器和光电检测器,可以获得大于 300GHz 的微波信号输出,其结构如图 1-3 所示[21]。2014 年,Li Fan 等研究了单周期振荡的光注入非线性动力学特性,通过采样 1/3 和 1/4 次谐波调制后,产生的微波信号线宽出现了显著的降低情况,分析了不同功率和频率的次谐波对线宽变窄效应的影响,其结构如图 1-4 所示[22]。2015 年,Yang Jiang 等在分布反馈半导体激光二极管中注入锁定正弦信号,获得了 9GHz、10GHz 和 12GHz 的三角谐波信号[23]。同年,Yu-Han Hung 等研究了基于光学调制边带注入锁定的单周期非线性动态微波信号产生技术,携带高相关调制边带梳的信号同时注入锁定再生光载波和较低的振荡边带中,建立两个频谱分量之间的相位锁定,获得了 40GHz 的微波信号,其结构如图 1-5 所示[24]。

从目前报道的研究成果看,相对于调制技术和差频技术,光注入产生微波信号的方法具有很大的优势,但是,利用该方法获得的微波信号线宽较宽,为了减小信号的线宽,研究人员做了大量的工作,获得了一定的成效,目前,微波信号的线宽可以降低到 1kHz。虽然这些方法可以有效地获得高频可调谐微波信号,但是也存在一些需要解决的问题。一方面,这些方法需要高频微波源做驱动信号才能获得所需的信号输出,这样增加了系

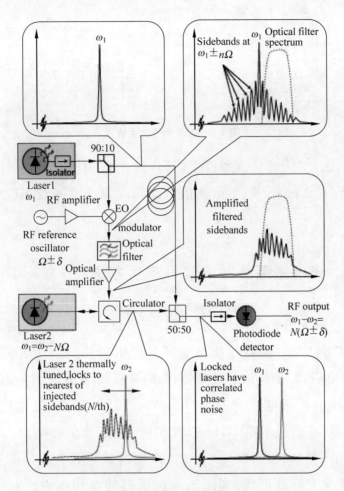

图 1-3　基于光注入锁模激光器的微波信号产生装置

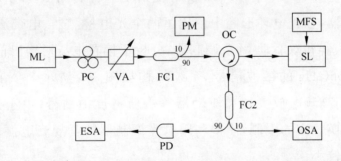

图 1-4　光注入和双环结构的微波信号产生装置

统的成本；另一方面，由于电子器件带宽的限制，使得高频信号很难注入半导体激光器中。同时，目前光注入锁定产生微波信号的研究大多基于光注入条件下的 FP 半导体激光器可以对注入信号的特定波长或模式进行增益

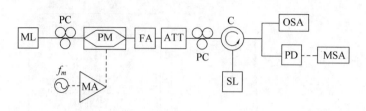

图 1-5　微波信号产生装置

放大实现,然而,关于光注入条件下 DFB 激光器的增益特性等方面研究并不多见,激光注入条件下产生微波信号的频率调谐范围及相位噪声性能还有待进一步提高。

1.2.3　光电振荡器微波信号产生方法

微波信号的光电振荡器产生方法具有极低的相位噪声、宽带连续可调谐等优点,该方法是目前高性能微波信号产生的热门方法之一。1995 年,Yao 和 Maleki 首次利用电光振荡器(OEO)获得了微波信号,该方法是在光电反馈环路中使用电光调制器(EOM)、光纤延迟线、光电检测器、电放大器和滤波器等,获得了 75GHz 的微波信号,在截止频率为 10kHz 时,相位噪声达到了−140dBc/Hz[25,26]。之后,国内外研究者提出的基于半导体光放大器、改变光纤延迟线、利用不同调制器的结构等方法获得了显著的成果[27-35]。例如,2014 年,Z. Tang 等提出了一种利用双驱动 M-Z 调制器的光电振荡器,在光电环形腔中使用了两个光电检测器、电带通滤波器,电放大器、移相器和双驱动 M-Z 调制器,分析了偏置电压对输出信号的影响,获得了 10.66GHz 的微波信号,系统结构如图 1-6 所示[35]。在这些结构中,必须使用高频电放大器和驱动器等去获得反馈信号,由于光电调制器的带宽及转换效率的限制,使得利用电光调制器的常规光电振荡器输出信号自由谱宽较小。

为了抑制相位噪声及增加自由谱宽等,研究人员提出了两个环形腔结构的光电振荡器。2014 年,P. Zhou 等提出了利用电吸收调制激光器的双环光电振荡器,该结构由一个电环和一个光环构成,在电环中包括电环形器、电放大器、扰偏器和电耦合器,在光环中包括环形器、掺铒光纤放大器

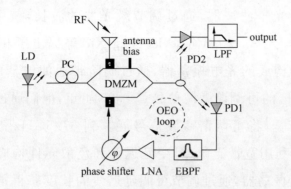

图 1-6 基于双驱动马赫-曾德调制器的微波信号产生系统

和 3km 的普通单模光纤，获得了 9.945GHz 的微波信号[36]。同年，W
Wang 等人提出了在赛格耐克环中使用偏振调制器双环结构的光电振荡
器，在光电环中包括极化调制器、光电检测器、电滤波器、电放大器和 240m
的普通单模光纤作为储能元件，获得了 39.74GHz 的微波信号，系统结构
如图 1-7 所示[37]。

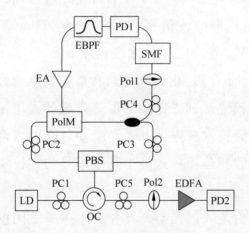

图 1-7 基于赛格耐克环的单一极化调制器的光电振荡器系统结构

从这些研究可以看出，为了获得低相位噪声，必须利用较长的光纤环
去提高振荡环的品质因子。然而，较长的光纤环引起具有较小模式间隔的
振荡模，同时必须使用具有高品质的电滤波器来获取最终的振荡模。目
前，由于电带通滤波器不具有较大的频率调谐范围，限制了产生微波信号
的调谐范围。随着微波光子滤波器的发展，光电振荡器的调谐范围有了一
定的增加。2012 年，Wangzhe Li 等提出了利用移相光纤光栅和两个相位

调制器形成带通光子滤波器,通过调节激光器的波长,获得了 3～28GHz 的可调谐微波信号[38]。2013 年,Xiaopeng Xie 等提出了相位调制器和可调谐光纤滤波器构成的光电振荡器,通过调阶带通滤波器的带宽,获得了 4.74～38.38GHz 的可调谐微波信号[39]。2014 年,他们通过增加相位调制器和放大器的带宽,将可调谐微波信号展宽到 57.5GHz[40]。同年,Jiejun Zhang 等提出了利用宽带光源、可变延迟线和色散元件构成的带通微波光子滤波器的光电振荡器,通过调节可调延迟线的长度获得了 1～12GHz 的可调微波信号[41]。2015 年,Changlei Guo 等提出了利用布里渊微腔激光器获得了双带宽的可调谐微波信号,中心频率为 11GHz 和 22GHz,调谐范围分别为 40MHz 和 20MHz[42],其结构如图 1-8 所示。为了进一步扩展振荡器的频率范围,倍频和四倍频等技术被应用到光电振荡器中。2012 年,Wangzhe Li 等利用偏振控制器、强度调制器和移相光纤光栅等构成光电振荡器,通过倍频技术获得了 16～28GHz 的微波信号,利用四倍频技术获得了 30～42GHz 的可调谐微波信号[43]。2013 年,Huanfa Peng 等利用陷波滤波器抑制载波信号,通过倍频技术获得了 40.78～57.12GHz 的微波信号[44]。2015 年,Wei Li 等提出了利用两台激光器耦合注入由偏振调制器、滤波器、680m 的单模光纤和光电检测器等构成的光电振荡器中,通过调节滤波器的带宽和倍频技术获得了 8.8～37.6GHz 的可调谐微波信号,这些倍频和四倍频信号的相位噪声远高于基频信号的相位噪声,其实验结构如图 1-9 所示[45]。

受激布里渊散射是入射光与光纤介质中声子之间的相互作用,受激布里渊散射效应被广泛地应用于光纤无线电系统和微波信号的光子处理中,利用其窄带放大效应实现单边带调制,结合相位调制器实现单通带微波光子滤波器等。基于受激布里渊散射放大的带宽为几十兆赫兹,通过直接调节受激布里渊散射的泵浦波长可以将放大的中心频率进行展宽,同时,由于其具有较低的相位噪声和无须微波源等而受到研究人员的广泛关注[46-51]。1997 年,X. S. Yao 首次利用布里渊散射效应提高光电环形腔的增益,获得了 12.8GHz 的微波信号[46]。2013 年,王如刚等利用光纤中的瑞利散射和布里渊散射的特性,通过改变注入光纤的泵谱功率,产生瑞利

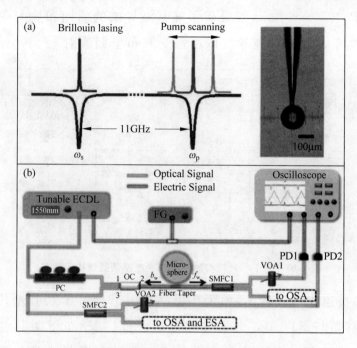

图 1-8 基于布里渊微腔激光器的微波信号产生结构示意图

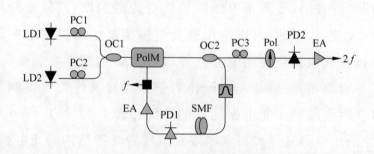

图 1-9 倍频光电振荡器系统结构

散射和布里渊散射,获得单纵模布里渊激光器,通过控制激光器中增益光纤的温度进行频率调谐,获得了双带宽的高频可调谐微波信号,信号的调谐范围为 10.77~11.098GHz 和 21.525~22.114GHz,微波信号的波动小于 0.3MHz,具有较高的频率稳定性[50]。2013 年,*Nature Communications* 报道了 J. Li 等首次提出基于芯片结构的布里渊散射介质作为储能元件的光电振荡器,利用布里渊散射效应的储能芯片与光电环形腔结构的微波产生结构,该环形腔结构中包含声光调制器、环形器、光电检测器、滤波器和分束器等器件,获得了 21.7GHz 的微波信号,实验装置如图 1-10 所示[51],同时,他们又利用硅基楔形盘谐振器获得了 1064nm 的低噪声布里渊激光器[52]。同年,R. Van Laer 等分析了硅基波导槽的前向和后向受激布里渊散射特性,结果显示硅基波导可以增强受激布里渊散射[53]。

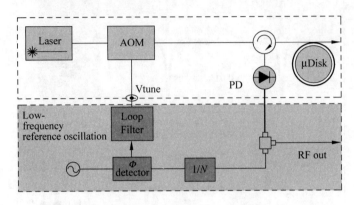

图 1-10　基于芯片结构的布里渊光电振荡器结构示意图

从这些报道中可以看出,由于布里渊散射谱相对于入射光具有一定的频移,且频移量与温度和应力呈线性关系,所以基于布里渊散射的微波信号产生的方法具有相当的潜力。从上述的受激布里渊散射在微波信号产生中的应用可以看出,受激布里渊散射具有较高的增益、较窄的增益带宽以及边带放大效应,因此,可以应用到光电振荡器中提高光电振荡环的增益,同时可以有效地避免使用电滤波器进行边带的选取。然而,在该系统中,使用了一台激光器,该激光器既作为信号光源又作为布里渊散射的泵浦光源,这些因素限制了光电振荡器的调谐范围。2013 年,Tao Sun 等利用两个独立的信号激光器和布里渊散射泵浦激光器结构的光电振荡器,储能元件为 1km 的高非线性光纤,通过调节信号激光器的波长获得了 10.98～39.98GHz 的宽带可调谐微波信号,在 10kHz 的截止频率时的相位噪声为−69dBc/Hz,系统结构如图 1-11 所示[54]。

2014 年,Huanfa Peng 等提出了双环结构的布里渊光电振荡器,该结构中同样使用独立的信号激光器和布里渊散射泵浦激光器,储能单元的结构是普通单模光纤构成的双环结构,普通单模光纤的长度为 1～2km 和 2～4km,通过调节泵浦激光器的波长获得了 0～60GHz 的宽带可调谐微波信号,在 10kHz 截止频率时的相位噪声为−100dBc/Hz[55]。2015 年,他们提出了相位调制器和双环结构的布里渊光电振荡器,利用独立的信号激光器和布里渊散射泵浦激光器,储能单元的结构是普通单模光纤构成的双环

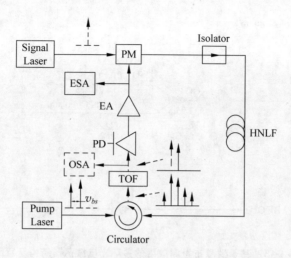

图 1-11 基于受激布里渊散射的光电振荡器结构示意图

结构,普通单模光纤的长度分别为 $0.5\sim1\text{km}$、$1\sim2\text{km}$ 和 $2\sim4\text{km}$,理论分析了该结构光电振荡器的相位噪声特性,通过调节泵浦激光器的波长获得了 $0\sim60\text{GHz}$ 的宽带可调谐微波信号,系统结构如图 1-12 所示[56]。同年,他们又对双环结构的实验装置进行了修改,获得了 $0\sim40\text{GHz}$ 的宽带可调谐微波信号,在 20GHz 时的边带抑制比为 43.1dB,其系统结构如图 1-13 所示[57]。

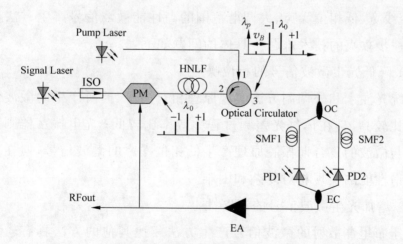

图 1-12 基于受激布里渊散射的多环光电振荡器结构示意图

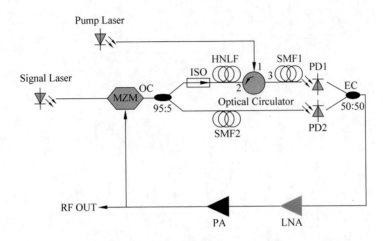

图 1-13　基于受激布里渊散射的多环光电振荡器结构示意图

1.3　研究内容分析

从这些分析可以看出,光生微波方法作为产生高频微波信号的有效手段,受到研究人员的高度关注,而基于光生微波信号产生技术的低成本、高稳定、窄线宽、低相位噪声、大调谐范围的高性能微波信号产生方法仍然是有待进一步攻克的技术难题。具体的问题如下:

（1）降低光生微波信号的相位噪声

传统光注入和外调制方法实现原理相对简单,但所产生的微波信号相位噪声比较高,且在信号光差频过程中效率比较低;光电振荡器则采用了混合光与微波的复合谐振腔原理产生低相位噪声的微波信号,但在高频和宽带调谐性能的实现相对复杂和困难。

（2）增加光生微波信号的调谐性

基于布里渊散射的微波信号产生方法相比其他的方法具有较大的优势,可以有效克服现有微波信号产生方法的高相位噪声、低调谐范围和低品质因子等缺点。但是,现有的研究并未涉及光注入的微波信号产生的机理研究,光注入和布里渊散射光电振荡器特性的影响因素和规律以及优化的途径;同时,一个至关重要的基础性问题就是能否结合光注入、布里渊散射效应和光电振荡器的优点来获得高频、宽调谐范围和低相位噪声的可调谐微波信号,需要深入研究其产生机理。

（3）光电振荡器储能元件设计

在目前的光电振荡器微波信号产生方法中,虽然多环结构比单环结构的光电振荡器可以有效地降低相位噪声、增加自由谱宽等,但是它们的储能元件都是普通单模光纤,且输出的微波信号频率是由反馈环路中的窄带滤波器来决定的。使用普通单模光纤延迟线作为储能元件具有一些明显的缺点:第一,由于系统的品质因子和延迟线的长度成正比,为了获得品质因子超过 10^9 的光电振荡器,必须使用几千米甚至几十千米的低损耗普通光纤作为储能元件,由于光纤延迟线的体积较大,且在较长光纤延迟线的沿线上温度是不均匀的,造成了输出微波信号的频率稳定性较差;第二,利用普通光纤延迟线作为储能元件会产生许多边模成分,而且利用双环结构的光电振荡器并不能有效地抑制产生的边模,增加了输出信号的噪声。基于光电振荡器的微波信号产生的方法相对于另外几种方法具有一定的优势,但研究起步较晚,且由于使用普通单模光纤作为储能器件,存在着一定的缺点,限制了高质量的微波信号的获得。而在基于回音壁模（WGM）谐振器的光电振荡器方法中,由于 WGM 谐振器的制备工艺要求比较严格,使其并没有真正地被开发与利用。所以,为了获得高质量的微波信号,结合光电振荡器的优点,必须设计出适合光电振荡器的储能元件。因此,针对光电振荡器储能元件的研究与制备也有待积极探索。

1.4　研究思路与框架结构

1.4.1　研究思路

在查阅大量研究文献资料,掌握国内外光纤中的布里渊散射效应在微波信号产生的研究现状后,确定本书的研究内容。在研究过程中,拟采用理论分析和数值模拟相结合的方法,设计和优化适合微波信号产生的低噪声和窄线宽的单纵模布里渊激光器,并分析该激光器的性能;研究基于布里渊散射效应的微波信号产生机理,提出基于布里渊激光器的单环和多环结构的高质量可调谐微波信号源的方法;提出基于布里渊散射光电振荡器的微波信号产生方法;通过数值分析多布里渊增益线的信号传输速度控制的性能,并优化谱线间隔,提出可调谐及多通道宽带布里渊散射传输速度控制的方法,并通过实验分析系统的性能。

1.4.2　研究框架结构

本书主要研究光纤中布里渊散射效应的微波信号产生及信号传输速度控制技术,紧密围绕该主题,主要从以下 7 个章节进行理论研究和实验分析。具体章节安排如下:

第 1 章,主要介绍光纤中的布里渊散射效应的可调谐微波信号产生技术的研究目的和意义,综述微波信号产生方法的现状,并在此基础上给出本文的选题背景。

第 2 章,介绍光纤中泵浦光场、斯托克斯场和声波场之间相互作用而产生自发和受激布里渊散射的机理,分析温度和应力对布里渊频移的影响。根据三波耦合方程,推导斯托克斯光功率的表达式,并根据布里渊散射阈值的定义,建立布里渊散射阈值的计算模型,通过数值计算,分析影响布里渊散射阈值的因素。理论分析布里渊环形腔激光器的相位噪声等性能,设计一个单频布里渊激光器,为后面的高频微波信号的产生奠定必要的基础。

第 3 章,首先,分析差频检测的基本原理及特点,并讨论结合平衡光电检测器转换为电信号的电流和噪声性能。其次,提出一种基于受激布里渊散射的高频双带宽可调谐微波信号产生方法。在该微波信号产生系统中,需要利用温度控制器对增益光纤进行温度控制,因此,设计一种基于双PID 控制的温度控制系统,利用设计的温度控制器,分析宽带可调谐微波信号的性能。

第 4 章,首先,介绍微波信号光外差法产生的基本原理。然后,分析基于布里渊散射效应的微波信号产生机理,提出基于布里渊散射效应的可调微波信号产生方法。最后,通过实验验证该可调谐微波信号产生方法,并分析信号的质量。

第5章,首先分析基于布里渊散射放大效应的基本原理,利用第2章设计的单频布里渊环形腔激光器,提出多波长布里渊激光器,并分析其性能,利用多波长布里渊激光器获得了可调谐的微波信号,分析微波信号的调谐和稳定特性。

第6章,介绍光电振荡器微波信号产生的基本原理,分析光电振荡器的结构特点和增益特性,提出一种利用光注入DFB激光器结合液芯单模光纤布里渊散射效应的可调谐微波信号产生技术。

第7章,理论分析光纤中布里渊散射谱的纵模间隔对通信系统中传输信号速度与增益控制的影响,提出获得可调谐宽带和多通道布里渊散射效应的泵浦源,分析该泵浦源的性能,利用提出的泵浦源研究可调谐和多通道高速通信信号的传输控制和通信性能,并分析通信信号的性能。

参考文献

[1] Li Ruoming, Li Wangzhe, Chen Xiangfei, et al. Millimeter-wave vector signal generation based on a Bi-directional use of a polarization modulator in a sagnac loop[J]. Journal of Lightwave Technology, 2015, 33(1): 251-257.

[2] Gan Liqing, Liu Jie, Li Feng, et al. An optical millimeter-wave generator using optical higher order sideband injection locking in a fabry-perot laser diode[J]. Journal of Lightwave Technology, 2015, 33(23): 4985-4996.

[3] Zhang Tingting, Xiong Jintian, Zheng Jilin, et al. Wideband tunable single bandpass microwave photonic filter based on FWM dynamics of optical-injected DFB laser[J]. Electronics Letters, 2016, 52(1): 57-59.

[4] Pérez Pablo, Quirce Ana, Valle Angel, et al. Photonic generation of microwave signals using a single-mode VSCEL subject to dual-beam orthogonal optical injection[J]. Photonics Journal, 2015, 7(1): 5500614.

[5] Liu Bo-Wen, Huang Yong-Zhen, Long Heng, et al. Microwave generation directly from microsquare laser subject to optical injection[J]. Photonics Technology Letters, 2015, 27(17): 1853-1856.

[6] Romeira Bruno, Kong Fanqi, Figueiredo Jos'e M L, et al. High-speed spiking

and bursting oscillations in a long-delayed broadband optoelectronic oscillator [J]. Journal of Lightwave Technology, 2015, 33(2): 503-510.

[7] Huang Long, Chen Dalei, Wang Peng, et al. Generation of triangular pulses based on an optoelectronic oscillator[J]. Photonics Technology Letters, 2015, 27(23): 2500-2503.

[8] Zhang Tingting, Xiong Jintian, Wang Peng, et al. Tunable optoelectronic oscillator using fwm dynamics of an optical-injected DFB laser[J]. Photonics Technology Letters, 2015, 27(12): 1313-1316.

[9] O'reilly J J, Lane P M, Heidemann R, et al. Optical generation of very narrow linewidth millimetre wave signals [J]. Electronics Letters, 1992, 28: 2309-2311.

[10] Qi G, Yao J, Seregelyi J, et al. Optical generation and distribution of continuously tunable millimeter-wave signals using an optical phase modulator [J]. Journal of Lightwave Technology, 2005, 23(9): 2687-2695.

[11] 袁燕, 秦毅. 基于串联双电极马赫-曾德调制器的六倍频技术[J]. 中国激光, 2011, 38(10): 1005004-1-1005004-5.

[12] 魏志虎, 王荣, 方涛, 等. 基于强度调制和布里渊效应的六倍频可调毫米波信号产生[J]. 光电子激光, 2012, 23(10): 1890-1894.

[13] Li W, Wang L X, Li M, et al. Single phase modulator for binary phase-coded microwave signals generation[J]. IEEE Photonics Technology Letters, 2013, 25(19): 1867-1870.

[14] Gao L, Chen X, Yao J. Photonic generation of a phase-coded microwave waveform with ultra-wide frequency tunable range [J]. IEEE Photonics Technology Letters, 2013, 25(10): 899-902.

[15] Chen Hao, Xu Zuowei, Fu Hongyan, et al. Switchable and tunable microwave frequency multiplication based on a dual-passband microwave photonic filter [J]. Optics Express, 2015, 23(8): 9835-9843.

[16] Goldberg L, Taylor H F, Weller J F, et al. Microwave signal generation with injection locked laser diodes[J]. Electronics Letters, 1983, 19(13): 491-493.

[17] Zhang Cheng, Hong Cheng, Li Mingjin, et al. 60GHz millimeter-wave generation by two-mode injectionlocked fabry-perot laser using second-order sideband injection in radio-over-fiber system[C]. 2008 OSA / CLEO/QELS 2008, JWA99.

[18] 熊锦添, 王荣, 蒲涛, 等. 光注入条件下DFB半导体激光器的增益特性研究及其在微波信号产生中的应用[J]. 光学学报, 2013, 33(6): 0614002-1-0614002-5.

[19] Hong Cheng, Li Mingjing, Zhang Cheng, et al. Millimeter-wave frequency

tripling based on four-wave mixing in sideband injection locking DFB lasers [C]. Proceedings of International Conference on Microwave and Millimeter Wave Technology (ICMMT'08), Apr 21-24, 2008, Nanjing, China. Piscataway, NJ, USA: IEEE, 2008: 876-877.

[20] Zhuang Jun-Ping, Chan Sze-Chun. Tunable photonic microwave generation using optically injected semiconductor laser dynamics with optical feedback stabilization[J]. Optics Letters, 2013, 38(3): 344-346.

[21] Schneider G J, Murakowski J A, Schuetz C A, et al. Radiofrequency signal-generation system with over seven octaves of continuous tuning[J]. Nature Photonics 2013, 7(2): 118-122.

[22] Fan Li, Wu Zheng-mao, Deng Tao, et al. Subharmonic microwave modulation stabilization of tunable photonic microwave generated by period-one nonlinear dynamics of an optically injected semiconductor laser [J]. Journal of Lightwave Technology, 2014, 32(23): 4058-4064.

[23] Jiang Yang, Ma Chuang, Bai Guangfu, et al. Photonic generation of triangular waveform utilizing time-domain synthesis[J]. IEEE Photonics. Technology Letters, 2015, 27(16): 1725-1728.

[24] Hung Yu-Han, Hwang Sheng-Kwang. Photonic microwave stabilization for period-one nonlinear dynamics of semiconductor lasers using optical modulation sideband injection locking[J]. Optics Express, 2015, 23(5): 6520-6532.

[25] Yao X S, Maleki L. Converting light into spectrally pure microwave oscillation[J]. Optics Letters, 1996, 21(7): 483-485.

[26] Yao X S, Maleki L. Optoelectronic microwave oscillator[J]. Journal of Opt Society America B, 1996, 13(8): 1725-1735.

[27] Lasri J, Bilenca A, Dahan D, et al. A self-starting hybrid optoelectronic oscillator generating ultra-low jitter 10-GHz optical pulses and low phase noise electrical signals[J]. IEEE Photonics Technology Letters, 2002, 14(7): 1004-1006.

[28] Lasri J, Devgan P, Tang R, et al. Self-starting optoelectronic oscillator for generating ultra-low-jitter high-rate (10 GHz or higher) optical pulses[J]. Optics Express, 2003, 11(12): 1430-1435.

[29] Lasri J, Devgan P, Tang R, et al. Ultralow timing jitter 40-gb/s clock recovery using a self-starting optoelectronic oscillator[J]. IEEE Photonics Technology Letters, 2004, 16(1): 263-265.

[30] Tsuchida H. Subharmonic optoelectronic oscillator [J]. IEEE Photonics Technology Letters, 2008, 20(17): 1509-1511.

［31］ Pan Shilong，Yao Jianping. A frequency-doubling optoelectronic oscillator using a polarization modulator［J］. IEEE Photonics Technology Letters，2009，21(13)：929-931.

［32］ Sung H，Zhao X，Lau E K，et al. Optoelectronic oscillators using direct-modulated semiconductor lasers under strong optical injection［J］. Journal of Selected Topics in Quantumelectronics，2009，15(3)：572-577.

［33］ Li Wangzhe，Yao Jianping. An optically tunable optoelectronic oscillator［J］. Journal of Lightwave Technology，2010，28(18)：2640-2645.

［34］ Saleh K，Bouchier A，Merrer P H，et al. Fiber ring resonator based opto-electronic oscillator phase noise optimisation and thermal stability study［C］. Proceedings of SPIE Photonics，San Francisco，USA，2011，7936：79360A-1-79360A-10.

［35］ Tang Zhenzhou，Zhang Fangzheng，Pan Shilong. Photonic microwave downconverter based on an optoelectronic oscillator using a single dual-drive Mach-Zehnder modulator［J］. Optics Express，2014，22(1)：305-310.

［36］ Zhou P，Pan S，Zhu D，et al. A compact optoelectronic oscillator based on an electroabsorption modulated laser［J］. IEEE Photonics Technology Letters，2014，26(1)：86-88.

［37］ Wang W T，Li W，Zhu N H. Frequency quadrupling optoelectronic oscillator using a single polarization modulator in a sagnac loop［J］. Optics Communications，2014，318：162-165.

［38］ Li W，Yao J. A wideband frequency tunable optoelectronic oscillator incorporating a tunable microwave photonic filter based on phasemodulation to intensity-modulation conversion using a phase-shifted fiber bragg grating ［J］. IEEE Transactions on Microwave Theory Technology，2012，60(6)：1735-1742.

［39］ Xie X，Zhang C，Sun T，et al. Wideband tunable optoelectronic oscillator based on a phase modulator and a tunable optical filter［J］. Optics Letters，2013，38(5)：655-657.

［40］ Xie X，Sun T，Peng H，et al. Widely tunable dual-loop optoelectronic oscillator［C］. CLEO，San Jose，CA，USA，2014.

［41］ Zhang J，Gao L，Yao J P. Tunable optoelectronic oscillator incorporating a single passband microwave photonic filter［J］. IEEE Photonics Technology Letters，2014，26(4)：326-329.

［42］ C Guo，K Che，Z Cai，et al. Ultralow-threshold cascaded Brillouin microlaser for tunable microwave generation ［J］. Optics Letters，2015，40(21)：4971-4974.

[43] Li W, Yao J P. Optically tunable frequency-multiplying optoelectronic oscillator[J]. IEEE Photonics Technology Letters, 2012, 24(10): 812-814.

[44] Peng H, Xie X, Zhang C, et al. Tunable millimeter-wave generation based on an optically tunable frequency-doubling optoelectronic oscillator[C]. Asia Communication Photonics Conference, Beijing, China, 2013.

[45] Li Wei, Liu Jian Guo, Zhu Ning Hua. A widely and continuously tunable frequency doubling optoelectronic oscillator[J]. IEEE Photonics Technology Letters, 2015, 27(13): 1461-1464.

[46] Yao X Steve. High-quality microwave signal generation by use of Brillouin scattering in optical fibers[J]. Optics Letters, 1997, 22(17): 1329-1331.

[47] Schneider T, Junker M, Lauterbach K U. Theoretical and experimental investigation of Brillouin scattering for the generation of millimeter waves[J]. Journal of the Optical Society of America B, 2006, 23(6): 1012-1018.

[48] Wu Z, Shen Q, Zhan L, et al. Optical generation of stable microwave signal using a dual-wavelength Brillouin fiber laser[J]. IEEE Photonics Technology Letters, 2010, 22(8): 568-570.

[49] Feng X, Cheng L, Li J, et al. Tunable microwave generation based on a Brillouin fiber ring laser and reflected pump [J]. Optics and Laser Technology, 2011, 43(7): 1355-1357.

[50] Wang R, Chen R, Zhang X. Two bands of widely tunable microwave signal photonic generation based on stimulated Brillouin scattering [J]. Optics Communications, 2013, 287(15): 192-195.

[51] Li J, Lee H, Vahala K J. Microwave synthesizer using an on-chip Brillouin oscillator[J]. Nature Communications, 2013, 4: 1-7.

[52] Li J, Lee H, Vahala K J. Low-noise Brillouin laser on a chip at 1064 nm[J]. Optics Letters, 2014, 39(2): 287-290.

[53] Van Laer R, Kuyken B, Van Thourhout D, et al. Analysis of enhanced stimulated Brillouin scattering insilicon slot waveguides[M]. arXiv preprint arXiv: 2013: 1310.5893.

[54] Sun Tao, Zhang Cheng, Xie Xiaopeng, et al. A wideband tunable optoelectronic oscillator based on stimulated Brillouin scattering [C]. International Conference of Opto Electronics Communication Conf, Kyoto, Japan, 2013.

[55] Peng Huanfa, Sun Tao, Zhang Cheng, et al. Tunable DC-60GHz RF generation based on a dual loop Brillouin optoelectronic oscillator [C]. European Conference of Optical communication, Cannes, France, 2014.

[56] Peng Huanfa, Zhang Cheng, Xie Xiaopeng, et al. Tunable DC-60GHz RF

generation utilizing a dual-loop optoelectronic oscillator based on Stimulated Brillouin Scattering[J]. Journal of Lightwave Technology，2015，33(13)：2707-2715.

[57] Peng Huanfa，Zhang Cheng，Guo Peng，et al. Tunable DC-40GHz RF generation with high side-mode suppression utilizing a dual loop Brillouin optoelectronic oscillator[C]. Optical Fiber Communication，2015.

第2章

光纤中的布里渊散射效应及其激光器设计

众所周知,光波是一种电磁波,当电磁波入射到光纤等介质时,入射电磁波将与组成该材料的分子或原子相互作用,从而产生散射谱。当角频率为 ω_0 的光入射到介质中时,其散射谱示意图如图 2-1 所示[1]。

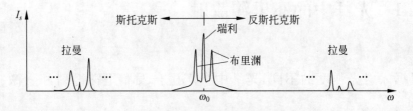

图 2-1　固态物质典型的散射示意图

图 2-1 中,瑞利散射光与入射光的频率相同,均为 ω_0,即整个散射过程前后光子能量守恒,因此瑞利散射也称为弹性散射。而其他频率与入射光子频率不同的散射称为非弹性散射。当散射光的频率高于入射光频率时,称为反斯托克斯光;当散射光的频率低于入射光频率时,则称为斯托克斯光。非弹性散射过程可进一步分为布里渊散射和拉曼散射。布里渊散射描述光子与声学声子的能量转换,形式上,声学声子是散射材料中一种包括相应的核子运动的集体振动。拉曼散射则是由于入射光与独立的分子或原子的电子结构的能量转换引起的。在凝聚态物理学中,拉曼散射被描述为光学声子的光散射。特别值得强调的是,分子的电子结构有两个重要

的特征：一是分子的旋转有几个波数（cm⁻¹）；二是有较大能量的分子振动。然而，在光纤中很少能观察到分子的转动能量，这是由于邻近的分子堆积得非常密集使其旋转自由度受到限制。分子重构过程中存在着激发，但由于重构分子的激发态能量范围更小，从而使得与之相关联的主要的振动谱出现不均匀展宽。所以，拉曼散射谱含有许多窄谱带，各谱带间隔对应电子振动，其带宽源于分子旋转或重构的激发态。有时，人们认为拉曼散射是由固态物质中的光学声子引起的[2]。

本书主要介绍光纤中的布里渊散射效应，在 1922 年，布里渊在研究晶体的散射谱时发现了一种新的光散射现象，该现象于 1932 年得到实验验证，由此称为布里渊散射[3]。1972 年，Ippen 观察到光纤中的布里渊散射[4]，它是入射光场与光纤中的弹性声场相互作用而产生的一种非线性光散射。本章将讨论光纤中自发和受激布里渊散射的机理和特性，给出光纤中布里渊散射的三波耦合方程，理论分析布里渊激光器的噪声性能等，通过实验获得单纵模环形腔激光器。

2.1　光纤中的布里渊散射

根据入射光强度的不同，光纤中会产生自发布里渊散射和受激布里渊散射。

2.1.1　自发布里渊散射

布里渊散射很大程度上与液体或固体物质的声子共振有关。从微观的角度来看，液体或固体物质中的分子间相互作用使得分子间距趋于一个固定值。当分子间距超过某个稳定的距离时，就会发生能量的变化。这种平衡分子间距的微观现象产生了一种新的集体运动。想象一下，当一个分子与其相邻分子的间距小于稳定间距时，它会被推向稳定间距的位置上。然而，当它到达该位置处时，不是立即静止而是冲过了这个间距，当它超过一定距离时，又会被引力拉向稳定位置。然而它还是不会静止，而是朝小于平衡距离的方向运动,如此重复下去。这种循环产生了一种称为声学声子的集体运动。由于组成光纤介质的质点群在连续不断地做热运动,使得光纤中始终存在着不同程度上的弹性力学振动或者声波场。沿光纤轴向的弹性力学振动或者声波场使得光纤的密度随时间和空间产生周期性的起伏,从而引起光纤折射率的周期性调制[1]。在单模光纤中只有前向和后向为相关方向,因此,自发声波场可看作是沿光纤轴以速度 V_a 向前或向后运动的光栅。入射光波在自发声波场激发的光栅作用下,使得入射光波在光纤中产生自发布里渊散射。来源于声波作用的布里渊散射过程如图 2-2 所示。当角频率为 ω_p 的光注入光纤时,光纤中激发的移动光栅通过布拉格衍射反射入射光,发生布里渊散射时的入射光通常也称为布里渊泵浦光。由于多普勒效应,当移动光栅与泵浦光运动方向相同时,散射光为频率下移的布里渊斯托克斯光,如图 2-2(a)所示。若不考虑光纤对入射光的色散效应,斯托克斯光的角频率 ω_s 可用式(2-1)表示。当光栅与入射光运动方向相反时,散射光为频率上移的布里渊反斯托克斯光,如图 2-1(b)所示,反斯托克斯光的角频率 ω_{as} 用式(2-2)表示[3,5]。

$$\omega_s = \omega_p \left[\left(1 - \frac{nV_a}{c} \right) \Big/ \left(1 + \frac{nV_a}{c} \right) \right] \tag{2-1}$$

$$\omega_{as} = \omega_p \left[\left(1 + \frac{nV_a}{c} \right) \Big/ \left(1 - \frac{nV_a}{c} \right) \right] \tag{2-2}$$

其中,n 为光纤折射率,V_a 为声波速率,c 为真空中的光速。

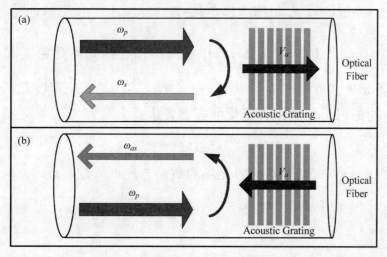

图 2-2　光纤中的布里渊散射模型示意图：(a)斯托克斯波；(b)反斯托克斯波

在声波场中,压力波的传播方程为[3]

$$\frac{\partial^2 \Delta \widetilde{P}}{\partial t^2} - \Gamma' \nabla^2 \frac{\partial \Delta \widetilde{P}}{\partial t} - V_a^2 \nabla^2 \Delta \widetilde{P} = 0 \tag{2-3}$$

其中,阻尼因子 $\Gamma' = \frac{1}{\rho}\left[\frac{4}{3}\eta_s + \eta_b + \frac{k}{c_p}(\gamma-1)\right]$,$\rho$ 是材料密度,η_s 是剪切黏度系数,η_b 是体积黏度系数,k 是导热系数,c_p 是一定压强下的比热,γ 是绝热指数。入射光和散射光的波动方程可以用式(2-4)和式(2-5)表示:

$$\widetilde{E}_0(z,t) = E_0 e^{i(\boldsymbol{k}\cdot\boldsymbol{r}-\omega t)} + c.c \tag{2-4}$$

$$\nabla^2 \widetilde{E} - \frac{n^2}{c^2}\frac{\partial^2 \widetilde{E}}{\partial t^2} = \frac{4\pi}{c^2}\frac{\partial^2 \widetilde{P}}{\partial t^2} \tag{2-5}$$

其中,材料的偏振态为 $\widetilde{P} = \Delta x \widetilde{E}_0 = \frac{\Delta\varepsilon}{4\pi}\widetilde{E}_0$。由于介电常数的变化量为 $\Delta\widetilde{\varepsilon} = \frac{\partial\varepsilon}{\partial\rho}\Delta\widetilde{\rho}$,所以可以得出

$$\widetilde{P} = (\partial\varepsilon/\partial\rho)\Delta\widetilde{\rho}\,\widetilde{E}_0/(4\pi) \tag{2-6}$$

将 $\Delta\widetilde{\rho} = (\partial\rho/\partial P)\Delta\widetilde{P}$ 代入式(2-6),可以得出

$$\widetilde{P}(\boldsymbol{r},t) = \frac{1}{4\pi}\frac{\partial\varepsilon}{\partial\rho}\left(\frac{\partial\rho}{\partial P}\right)_s \Delta\widetilde{P}(\boldsymbol{r},t)\,\widetilde{E}_0(z,t)$$

$$= \frac{1}{4\pi}\gamma_e C_s \Delta\widetilde{P}(\boldsymbol{r},t)\,\widetilde{E}_0(z,t) \tag{2-7}$$

其中,$C_s = (\partial\rho/\partial P)/\rho$ 是恒熵压缩系数,$\gamma_e = \left(\rho\frac{\partial\varepsilon}{\partial\rho}\right)_{\rho=\rho_0}$ 是电致伸缩系数。实际上,$\Delta\widetilde{\rho} = \left(\frac{\partial\rho}{\partial P}\right)_s \Delta\widetilde{P} + \left(\frac{\partial\rho}{\partial s}\right)_P \Delta\widetilde{s}$,其中第一项描述的是绝热密度起伏,也就是声波,是布里渊散射产生的原因;第二项描述的是等压密度起伏,是瑞利散射产生的原因。热致压力变化的典型表达式为

$$\Delta\widetilde{P}(\boldsymbol{r},t) = \Delta P e^{i(\boldsymbol{q}\cdot\boldsymbol{r}-\Omega t)} + c.c \tag{2-8}$$

由式(2-3)和式(2-8),散射光场的波动方程可以改写成

$$\nabla^2 \widetilde{E} - \frac{n^2}{c^2}\frac{\partial^2 \widetilde{E}}{\partial t^2} = -\frac{\gamma_e C_s}{c^2}\Big[(\omega_p - \Omega_s)^2 E_0 \Delta P^* e^{i(\boldsymbol{k}-\boldsymbol{q})\cdot\boldsymbol{r}-i(\omega_p-\Omega_s)t}$$

$$+ (\omega_p + \Omega_{as})^2 E_0 \Delta P e^{i(\boldsymbol{k}+\boldsymbol{q})\cdot\boldsymbol{r}-i(\omega_p+\Omega_{as})t} + c.c \Big] \tag{2-9}$$

式中第一项是斯托克斯散射($\omega_p - \Omega_s$)部分,第二项是反斯托克斯散射($\omega_p + \Omega_{as}$)部分。从式(2-9)可以看出,布里渊散射的斯托克斯光和反斯托克斯光在入射光频率的两侧分布。

因为在自发布里渊散射过程中满足能量和动量守恒定律,根据相位匹配条件,可以得到布里渊斯托克斯光和反斯托克斯光相对于泵浦光(入射光)的频移,如式(2-10)和式(2-11)所示:

$$\Omega_s = \left[nV_a(2\omega_p - \Omega_s)\right]/c \qquad (2\text{-}10)$$

$$\Omega_{as} = \left[nV_a(2\omega_p + \Omega_{as})\right]/c \qquad (2\text{-}11)$$

其中,Ω_s和Ω_{as}分别是布里渊斯托克斯光和反斯托克斯光相对于泵浦光的频移量。在不考虑光纤色散效应的情况下,若泵浦光的波长为λ_p,由式(2-10)和式(2-11)可知,布里渊斯托克斯光和反斯托克斯光相对入射光的频移量相等,如式(2-12)所示:

$$\nu_s = \nu_{as} = \frac{\Omega_s}{2\pi} = \frac{\Omega_{as}}{2\pi} = \frac{2nV_a}{\lambda_p} \qquad (2\text{-}12)$$

由式(2-12)可以看出,布里渊散射的频移量(ν_s)与光纤的有效折射率(n)以及光纤中的声波速度(V_a)呈正比,与泵浦光的波长(λ_p)呈反比。

2.1.2　受激布里渊散射

上一节提到自发布里渊散射源于热噪声,一旦斯托克斯光或反斯托克斯光产生,它们会自发地与外部入射光相互作用并通过电致伸缩效应增强。与自发布里渊散射不同,光纤中的受激布里渊散射(SBS)是强感应声波场对入射光作用的结果。当入射光在光纤中传播时,自发布里渊散射沿入射光相反的方向传播,其强度随着入射光强度的增大而增加,当强度达到一定程度时,背向传输的散射光与入射光发生干涉作用,产生较强的干涉条纹,使得光纤局部折射率大大增加,在光纤内产生的电致伸缩效应使得光纤产生周期性弹性振动,光纤折射率被周期性调制,形成以声速V_a运动的折射率光栅。此折射率光栅通过布拉格衍射散射泵浦光,由于多普勒效应,产生受激布里渊散射[6]。有很多物理机制可以帮助理解电致伸缩效应,而我们希望能通过最简单的方式解释这一过程。在外部电场E中,一

个具有恒电偶极矩 p 的分子获得的势能可以表示为

$$U = -p \cdot E \tag{2-13}$$

这个分子会受到一个力的作用,可以表示为

$$F = -\nabla U = \nabla(p \cdot E) \tag{2-14}$$

因此,若一个分子具有恒电偶极矩,那么只要有外部梯度场存在,它会一直受到上述力的作用。另外,即使分子不具有恒电偶极矩,它也会有一个感生电偶极矩,这种情况下,它的势能可以表示为

$$U = -\frac{1}{2}\varepsilon_0 \chi E^2 \tag{2-15}$$

此时,分子受到的力就可以表示为

$$F = -\nabla U = \frac{1}{2}\varepsilon_0 \chi \nabla E^2 \tag{2-16}$$

不管处于哪种情况,都可以确定物质中的分子会随外加电场而发生改变,根据外加电场的变化,它们在时间和空间上都会进行重新排列,这个效应称为电致伸缩效应。事实上,材料的介电常数 ε 取决于材料的质量密度 ρ。它们之间的关系由电致伸缩常数定义:

$$\gamma_\varepsilon = \rho\left(\frac{\partial \varepsilon}{\partial \rho}\right) \tag{2-17}$$

根据参考文献[2]的推导可知,介电常数的变化导致的常数量密度增加是对每单位体积材料施加收缩压力 p_{st} 的结果:

$$\Delta u = \frac{1}{2}\varepsilon_0 E^2 \Delta\varepsilon = \frac{1}{2}\varepsilon_0 E^2\left(\frac{\partial \varepsilon}{\partial \rho}\right)\Delta\rho = \Delta\omega = p_{st}\frac{\Delta V}{V} = -p_{st}\frac{\Delta\rho}{\rho} \tag{2-18}$$

由此,可以得到力学上的收缩压力的表达式:

$$p_{st} = -\frac{1}{2}\varepsilon_0 \gamma_\varepsilon E^2 \tag{2-19}$$

现在把电位移矢量分为线性和非线性部分,可以表示为

$$D = \varepsilon_0 E + P_L + P_{NL} = \varepsilon_0(1+\chi)E + P_{NL} \tag{2-20}$$

如果进一步假设线性介电值 $\varepsilon = 1 + \chi$ 为一个常数,则无自有电荷的条件可以表示为

$$\nabla \cdot D = 0 = \nabla \cdot (\varepsilon_0 \varepsilon E) + \nabla \cdot P_{NL} \tag{2-21}$$

则有电场发散为

$$\nabla \cdot E = 0 = -\frac{1}{\varepsilon_0 \varepsilon} \nabla \cdot P_{NL} \tag{2-22}$$

对无源宏观麦克斯韦方程进行简单的整理,得到电场方程可以表示为

$$\nabla^2 E - \mu_0 \varepsilon_0 \varepsilon \frac{\partial^2 E}{\partial t^2} = \mu_0 \frac{\partial^2 P_{NL}}{\partial t^2} - \frac{1}{\varepsilon_0 \varepsilon} \nabla(\nabla \cdot P_{NL}) \tag{2-23}$$

上式的右边最后一项在多数情况下可以忽略,质量密度改变引起的电致伸缩效应会影响非线性偏振效应:

$$P_{NL} = \varepsilon_0 \Delta \varepsilon E = \varepsilon_0 \rho_0 \frac{\partial \varepsilon}{\partial \rho} E = \frac{\varepsilon_0 \gamma_\varepsilon}{\rho_0} \Delta \rho E \tag{2-24}$$

式中,ρ_0 为材料平均密度,$\Delta \rho$ 为声波引入的密度变化,声波方程可以表示为

$$\frac{\partial^2(\Delta \rho)}{\partial^2 t} - \Gamma' \nabla^2 \frac{\partial(\Delta \rho)}{\partial t} - v^2 \nabla^2(\Delta \rho) = \nabla \cdot f \tag{2-25}$$

其中,v 为声速,Γ' 为与切变和晶体黏度相关的阻尼参数,收缩压力引起的力可以表示为

$$f = \nabla p_{st}, \quad p_{st} = -\frac{1}{2}\varepsilon_0 \gamma_\varepsilon \langle E \cdot E \rangle \tag{2-26}$$

为了能够推导出光纤中的受激布里渊散射方程,需要做几个简化假设:首先,如前面讨论,当电场偏振方向一致时才能获得最大的受激布里渊散射作用,假设这个条件成立,由此,将电场矢量用标量替代;其次,由上一节可知布里渊频移与入射光波长有关,为了突出布里渊频移与波长相关的特性,基于以下条件来进行公式推导,即要考虑光纤中斯托克斯和反斯托克斯受激布里渊散射同时作用于入射光的情况。在这种条件下,入射光在光纤中将通过两个反向传播的声波同时获得增益(从反斯托克斯光)和损耗(从斯托克斯光),如图 2-3 所示。

在做了所有可能的简化假设以后,下面重新写出与光纤电致伸缩效应相关联的一维受激布里渊散射模型方程:

$$\frac{\partial^2(\Delta \rho)}{\partial^2 t} - \Gamma' \frac{\partial^3(\Delta \rho)}{\partial z^2 \partial t} - v^2 \frac{\partial^2(\Delta \rho)}{\partial z^2} = \frac{\partial^2 \left[-\frac{1}{2}\varepsilon_0 \gamma_\varepsilon \langle E^2(z,t) \rangle \right]}{\partial z^2} \tag{2-27}$$

$$\frac{\partial^2 E}{\partial z^2} - \mu_0 \varepsilon_0 \varepsilon \frac{\partial^2 E}{\partial t^2} = \mu_0 \frac{\varepsilon_0 \gamma_\varepsilon}{\rho_0} \frac{\partial^2(\Delta \rho E)}{\partial t^2} \tag{2-28}$$

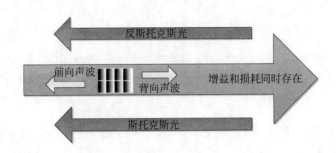

图 2-3 增益和损耗同时发生的受激布里渊散射结构示意图

根据折射率 n 的一般定义，可以将真空中的光速 c 代入上述方程，可以表示为

$$\frac{\partial^2 E}{\partial z^2} - \frac{1}{(c/n)^2}\frac{\partial^2 E}{\partial t^2} = \frac{\gamma_\varepsilon}{c^2 \rho_0}\frac{\partial^2 (\Delta \rho E)}{\partial t^2} \tag{2-29}$$

该过程的标量电场可以表示为

$$E(z,t) = [A_{as}(z,t)e^{i(k_{as}z-\omega_{as}t)} + c.c] + [A_s(z,t)e^{i(k_s z-\omega_s t)} + c.c]$$
$$+ [A(z,t)e^{i(-kz-\omega t)} + c.c] \tag{2-30}$$

假设反斯托克斯和斯托克斯波沿 z 轴正向传播，同时受增益和损耗的光波沿 z 轴反向传播，并且三个光波都满足如下色散关系

$$k_{as}^2 = \left(\frac{n}{c}\omega_{as}\right)^2, \quad k_s^2 = \left(\frac{n}{c}\omega_s\right)^2, \quad k^2 = \left(\frac{n}{c}\omega\right)^2 \tag{2-31}$$

将沿前向和背向移动的光波表示为质量密度的变化，有

$$\Delta\rho(z,t) = [Q_f(z,t)e^{i(q_f z-\Omega_f t)} + c.c]$$
$$+ [Q_b(z,t)e^{i(q_b z-\Omega_b t)} + c.c] \tag{2-32}$$

因为受激布里渊过程能量守恒，因此，可以得出

$$\omega_{as} - \omega = \Omega_f, \quad \omega - \omega_s = \Omega_b \tag{2-33}$$

把上面解的形式代入非线性电场方程，可以得到许多随时间变化的项，其中有些项跟 3 个入射波一样随时间快变，而其他项为新的频率项。在简化的受激布里渊模型中，为了获得物理的本质特性，将时间变化相同项写成一个等式的形式。

光纤中的泵浦波、斯托克斯波和声波之间的矢量关系可以用图 2-4 表示。

由于在散射过程中满足能量守恒和动量守恒[7]，所以可以得出 3 个波之间的角频率和波矢量的关系

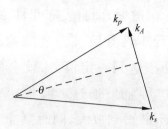

图 2-4　受激布里渊散射波矢守恒关系

$$\Omega_B = \omega_p - \omega_s, \quad k_A = k_p - k_s \tag{2-34}$$

式中，Ω_B、ω_p 和 ω_s 分别为声波、泵浦光和布里渊斯托克斯光的角频率，k_A、k_p 和 k_s 分别为声波、泵浦光和布里渊斯托克斯光的波矢，θ 为泵浦波与斯托克斯波之间的夹角。由于布里渊散射光的频率和入射光的频率都属于光频率，那么波矢可以表示成 $k_s = k_s n_s = \omega_s n_s/c$ 和 $k_p = k_p n_p = \omega_p n_p/c$。由于声波的频率远小于光波频率，那么与光波频率相比，声波的频率可以忽略，所以泵浦光波矢的绝对量（$|k_p|$）等于斯托克斯光波矢的绝对量（$|k_s|$）。声波的角频率 Ω_B 和波矢 k_A 之间满足色散关系

$$\Omega_B = V_a|k_A| \approx 2V_a|k_p|\sin(\theta/2) \tag{2-35}$$

从式（2-35）可以看出，布里渊散射的斯托克斯光频移与散射角 θ 有关。在后向（$\theta = \pi$），布里渊散射光的频移有最大值；而在前向（$\theta = 0$），布里渊散射光的频移为零。由于单模光纤的纤芯很小，只有前向和后向两个方向的散射光，所以在单模光纤中只存在后向受激布里渊散射，布里渊频移可以表示为

$$\nu_B = \Omega_B/2\pi = 2V_a|k_p|/2\pi \tag{2-36}$$

利用式 $|k_p| = 2\pi n/\lambda_p$，式（2-36）可以改写为

$$\nu_B = \Omega_B/2\pi = 2V_a n/\lambda_p \tag{2-37}$$

因为光纤中的声速和折射率都会受到温度、应力等外界环境以及光纤掺杂浓度的影响，所以布里渊频移除了直接与折射率、声速及泵浦波长有关外，还间接地与外界环境的温度、应力以及光纤的掺杂浓度等存在很大的关系，其中任何一个因素的改变都会引起布里渊频移的改变。尽管式（2-37）中预测光纤中的受激布里渊散射仅发生在后向，但是由于光纤中传播声波的波导特性削弱了波矢的选择原则，结果前向也产生了少量的斯托克斯光，这种现象称为传导声波布里渊散射。严格来说，在单模光纤中

受激布里渊散射只发生后向散射,而自发布里渊散射在前向和后向都发生散射,这是因为声波的波导本性导致波矢量豫弛的选择性原则。另外,当入射到光纤中的泵浦波功率达到一定值后,就会发生受激布里渊散射,在受激布里渊散射的过程中,泵浦波通过声波将功率转移到斯托克斯波上,因此,斯托克斯波的功率不断得到放大,同时泵浦波的功率不断衰减。

图 2-5 是入射光波长为 1550nm 时,普通单模光纤的背向散射谱。从图 2-5 可以看出,背向散射的光谱中有 3 个波峰,中间的波峰为瑞利散射信号,其波长等于入射光波长,约为 1550nm,斯托克斯光和反斯托克斯光在瑞利散射光的两侧对称分布,右边的为斯托克斯光,左边的为反斯托克斯光。斯托克斯光、反斯托克斯光与瑞利散射光波长的差值都为 0.087nm,对应的频率为 10.875GHz,即该单模光纤在 1550nm 泵浦光作用下的布里渊频移为 10.875GHz。

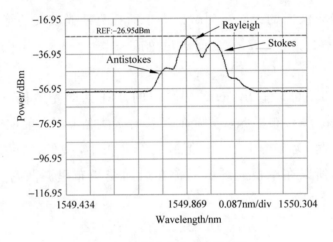

图 2-5　光纤中的背向散射光谱

2.2　光纤中布里渊散射特性

2.2.1　布里渊散射谱特性

因光纤中的声波以指数 $\exp(-\Delta\omega t)$ 衰减,所以无论是自发布里渊散射还是受激布里渊散射，其光谱都不是单一的谱线，而是具有一定宽度的频谱。布里渊散射波可以用布里渊增益谱 $g_B(\nu)$ 表征，且布里渊散射谱具有洛伦兹型谱线分布[6]，即

$$g_B(\nu) = g_0 \frac{(\Delta\omega/2)^2}{(\nu - \nu_B)^2 + (\Delta\omega/2)^2} \qquad (2\text{-}38)$$

由式(2-38)可知，在 $\nu = \nu_B$ 处布里渊散射具有最大的增益 g_0，可以表示为

$$g_0 = g_B(\nu_B) = (2\pi^2 n^7 p_{12}^2)/(c\lambda_0^2 \rho_0 V_a \Delta\omega) \qquad (2\text{-}39)$$

式中，p_{12} 为弹光系数，ρ_0 为材料密度，$\Delta\omega$ 为布里渊增益谱带宽

$$\Delta\omega = \frac{1}{\tau_p} = \Gamma' k_A^2 = 4n^2 \Gamma' \frac{\omega_p^2}{c^2} \sin^2(\theta/2) \qquad (2\text{-}40)$$

式中，τ_p 为声子寿命，Γ' 为声波阻尼参数。对于 1550nm 的连续泵浦光，若普通单模光纤的折射率 $n = 1.45$，$V_a = 5.96\text{km/s}$，$g_0 = 5.0 \times 10^{-11}\text{m/W}$，由式(2-38)和式(2-40)可以得出归一化的布里渊增益谱，如图 2-6 所示。可以看出，光纤中的布里渊增益谱具有洛伦兹型，泵浦光波长为 1550nm 时普通单模光纤的布里渊频移为 11.15GHz，且在布里渊频移处的增益最大，布里渊增益谱的带宽约为 41MHz。

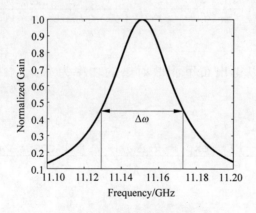

图 2-6　归一化的布里渊增益谱

对于脉冲泵浦光，当功率为 P 的脉冲光注入光纤中时，布里渊散射光功率 $P(z,\nu)$ 可以表示为[8]

$$P(z,\nu) = g_B(\nu)\left(\frac{c}{2n}\right)P\exp(-2\alpha z) \qquad (2\text{-}41)$$

式中，c 为中空中的光速，n 为光纤折射率，α 为光纤损耗，z 为光纤长度，可

以表示为 $z = ct/(2n)$。

若注入光的脉冲为矩形脉冲,在时域上,脉冲宽度为 τ,在频域上,光的频率为 f_0,那么脉冲光的电场可以表示为

$$E_p(t) = \begin{cases} E_0\exp(i2\pi f_0 t), & -\tau/2 \leqslant t \leqslant \tau/2 \\ 0, & t < -\tau/2, t > \tau/2 \end{cases} \tag{2-42}$$

式中,E_0 为场强,脉冲光的功率谱 $P_p(f, f_0)$ 可以表示为

$$P_p(f, f_0) = P_0\left[\frac{\sin\pi\tau(f - f_0)}{\pi\tau(f - f_0)}\right]^2 \tag{2-43}$$

式中,P_0 为常数,从式(2-43)可以看出,当脉冲宽度 τ 比较大时,注入光功率主要集中在中心频率 f_0 附近的窄带谱上,相反,当脉冲宽度 τ 比较小时,光功率分布在整个频域上。

若定义布里渊散射光功率谱为 $H(\nu)$,有

$$H(\nu) = \int_{-\infty}^{+\infty} g_B(\nu)P_p(f, f_0)\mathrm{d}f \tag{2-44}$$

若频率和布里渊频移之间的差异为 s_B,由式(2-37)、式(2-43)和式(2-44)可以得出总的布里渊频谱的功率为

$$H(\nu) = P_0\int_{-\infty}^{\infty}\left[\frac{\sin\pi\tau(f - f_0)}{\pi\tau(f - f_0)}\right]^2 \frac{g_0(\Delta\omega/2)^2}{[\nu - (f - s_B)]^2 + (\Delta\omega/2)^2}\mathrm{d}f \tag{2-45}$$

求解式(2-24),可以得出布里渊散射谱的功率为

$$H(b) = \frac{\tau g_0}{b^2 + 1}$$

$$\left\{1 + \frac{(b^2 - 1) - \exp(-\pi\tau\Delta\omega)[(b^2 - 1)\cos\pi\tau\Delta\omega b + 2b\sin\pi\tau\Delta\omega b]}{\pi\tau\Delta\omega(b^2 + 1)}\right\} \tag{2-46}$$

其中

$$b = \frac{\nu - \nu_B}{\Delta\omega/2} \tag{2-47}$$

式(2-46)右边的第一项是本征布里渊增益谱部分,第二项是受脉冲宽度影响的部分,当脉冲光功率集中在很小的频率范围内时,也就是较宽的脉冲注入光,可以看成是连续的泵浦光,即

$$\frac{(b^2-1)-\exp(-\pi\tau\Delta\omega)\left[(b^2-1)\cos\pi\tau\Delta\omega b+2b\sin\pi\tau\Delta\omega b\right]}{\pi\tau\Delta\omega(b^2+1)}\approx0$$

$$(2\text{-}48)$$

若本征布里渊谱宽取 41MHz,通过式(2-48)可以得出归一化的布里渊功率谱,如图 2-7 所示,可以看出,布里渊功率谱成洛伦兹型,随着脉冲宽度的减小,布里渊谱的宽度逐渐增加,当脉冲宽度小于 10ns 时,随着脉宽的减小,布里渊谱将迅速展宽,这是因为光纤中声子寿命只有 10ns[8]。

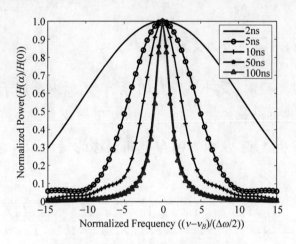

图 2-7　布里渊散射光的功率谱

2.2.2　布里渊频移与温度和应力的关系

布里渊散射是由光纤中声学声子引起的非线性散射,布里渊频移取决于介质的声学和热学等特性。当光纤中温度和应力发生改变时,其有效折射率和声波速度也会随之发生改变,从而引起光纤布里渊频移的变化,光纤中的声波速度为

$$V_a=\sqrt{((1-k)E)/((1+k)(1-2k)\rho)}\qquad(2\text{-}49)$$

式中,k 为泊松比,E 为杨氏模量,ρ 为光纤密度。将式(2-41)代入式(2-38)可得出光纤布里渊频移 ν_B 的表达式为

$$\nu_B=\frac{2n}{\lambda_p}\sqrt{\frac{(1-k)E}{(1+k)(1-2k)\rho}}\qquad(2\text{-}50)$$

光纤所处环境的温度和应力分别通过光纤的热光效应和弹光效应使

光纤折射率发生变化,而温度和应力对声速的影响则是通过对光纤杨氏模量 E、泊松比 k 和密度 ρ 的改变来实现。若光纤折射率 n、杨氏模量 E、泊松比 k 和密度 ρ 随温度 T 和应变 ε 的函数分别记为 $n(\varepsilon,T)$、$E(\varepsilon,T)$、$k(\varepsilon,T)$ 和 $\rho(\varepsilon,T)$,并将它们代入式(2-50),那么可以得到布里渊频移随温度和应力改变的关系式

$$\nu_B(\varepsilon,T) = \frac{2n(\varepsilon,T)}{\lambda_p} \sqrt{\frac{[1-k(\varepsilon,T)]E(\varepsilon,T)}{[1+k(\varepsilon,T)][1-2k(\varepsilon,T)]\rho(\varepsilon,T)}} \quad (2\text{-}51)$$

1. 布里渊频移与应力的关系

当光纤温度不变时,受外界应力的影响,光纤内部原子间的相互作用发生变化,导致光纤的杨氏模量和泊松比发生变化。而光纤中的弹光效应使光纤折射率发生改变,从而影响布里渊频移的变化。若参考温度为 T_0,式(2-51)可以改写为[10]

$$\nu_B(\varepsilon,T_0) = \frac{2n(\varepsilon,T_0)}{\lambda_p} \sqrt{\frac{[1-k(\varepsilon,T_0)]E(\varepsilon,T_0)}{[1+k(\varepsilon,T_0)][1-2k(\varepsilon,T_0)]\rho(\varepsilon,T_0)}}$$

$$(2\text{-}52)$$

由于光纤的组成成分主要是脆性材料 SiO_2,所以其拉伸应力较小。当光纤上施加的应力发生变化时,对式(2-52)做泰勒基数展开,忽略高阶项后可以得出:

$$\nu_B(\varepsilon,T_0) \approx \nu_B(0,T_0)\left[1+\varepsilon \frac{\partial \nu_B(\varepsilon,T_0)}{\partial \varepsilon}\bigg|_{\varepsilon=0}\right]$$

$$= \nu_B(0,T_0)[1+\varepsilon(\Delta n_\varepsilon + \Delta k_\varepsilon + \Delta E_\varepsilon + \Delta \rho_\varepsilon)] \quad (2\text{-}53)$$

若 $\lambda_p=1550\text{nm}$,且在室温(即 $T_0=20℃$)条件下,$\Delta n_\varepsilon=-0.22$,$\Delta k_\varepsilon=1.49$,$\Delta E_\varepsilon=2.88$,$\Delta \rho_\varepsilon=0.33$,则布里渊频移和应力的变化关系为

$$\nu_B(\varepsilon,T_0) = \nu_B(\varepsilon_0,T_0)[1+4.48(\varepsilon-\varepsilon_0)] \quad (2\text{-}54)$$

通过式(2-54),可以得出布里渊频移变化量与应力的关系图,如图 2-8 所示。可以看出,布里渊频移与光纤上施加的应力呈正比,对应的布里渊频移与应力的变化系数为 $4.48\text{MHz}/\%$。在实际情况下,由于光纤的种类

及掺杂的不同,它们的布里渊频移与应力的变化关系需要通过实验预先标定。

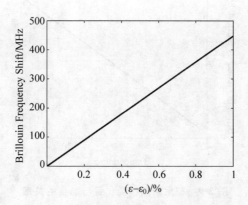

图 2-8　布里渊频移变化量与应力的关系

2.　布里渊频移与温度的关系

当光纤不受应力时,受外界温度变化的影响,光纤中的热膨胀效应和热光效应分别引起光纤密度和折射率发生变化,同时光纤的杨氏模量和泊松比等物理量也随温度发生改变,从而影响布里渊频移的变化,则有

$$\nu_B(0,T) = \frac{2n(0,T)}{\lambda_p} \sqrt{\frac{[1-k(0,T)]E(0,T)}{[1+k(0,T)][1-2k(0,T)]\rho(0,T)}} \quad (2\text{-}55)$$

若温度的变化量为 ΔT,对式(2-55)进行泰勒展开,忽略高阶项后可以得出

$$\nu_B(\varepsilon,T) \approx \nu_B(0,T)\left[1+\Delta T \frac{\partial \nu_B(0,T)}{\partial T}\Big|_{T=T_0}\right]$$

$$= \nu_B(0,T)[1+\Delta T(\Delta n_T + \Delta k_T + \Delta E_T + \Delta \rho_T)] \quad (2\text{-}56)$$

对于 1550nm 的入射光,且在室温(即 $T_0 = 20℃$)条件下,普通单模光纤的布里渊频移与温度变化的对应关系为

$$\nu_B(T,0) = \nu_B(T_0,0)[1+1.18\times 10^{-4}(T-T_0)] \quad (2\text{-}57)$$

通过计算式(2-57),可以得出布里渊频移的变化量与温度变化的关系图,如图 2-9 所示,可以看出,布里渊频移与光纤上温度变化呈正比,对应的布里渊频移与温度的变化系数为 1.18MHz/℃。在实际情况下,由于光纤的种类及掺杂的不同,它们的布里渊频移与温度的变化关系同样需要通

过实验预先标定。

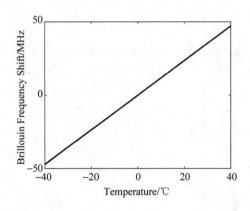

图 2-9　布里渊频移变化量与温度的关系

2.3　光纤中布里渊散射阈值分析

由于组成光纤介质的质点群在连续不断地做热运动,使得光纤中始终存在着不同程度的声波场。光纤中的热致声波场使得光纤折射率产生周期性调制,从而导致自发布里渊散射光。入射光功率逐渐增加时,自发布里渊散射光的强度逐渐增加,当布里渊散射光强度达到一定程度后,背向传输的布里渊散射光与入射光发生干涉作用,使得光纤折射率被周期性调制,产生折射率光栅,随着入射光功率的进一步增加,这一折射率光栅将进一步增强,从而使光在此光栅上的背向散射光也不断增强,导致大部分入射光被转化为背向传输的散射光,产生受激布里渊散射(SBS)。光纤中的受激布里渊散射阈值在文献中有不同的定义,主要可描述为[11,12]:入射光功率等于背向散射光功率时的入射光功率;透射光功率等于背向散射光功率时的入射光功率;背向散射光功率快速增加时的入射光功率;光纤入射端的背向散射光功率等于入射光功率的 η 倍时的入射光功率。其中较为常用的定义是光纤入射端的背向散射光功率等于入射光功率的 η 倍时的入射光功率,本节将采用这个定义进行相关计算。

若入射光的功率为 P_p,背向斯托克斯波的功率为 P_s,那么入射光功率与背向斯托克斯光功率的传输差分方程可以用式（2-58）和式（2-59）表示[13]：

$$\frac{\mathrm{d}P_p}{\mathrm{d}z} = -\gamma g_B(f)P_pP_s - \alpha P_p \qquad (2\text{-}58)$$

$$\frac{\mathrm{d}P_s}{\mathrm{d}z} = -\gamma g_B(f)P_pP_s + \alpha P_s \qquad (2\text{-}59)$$

式中，α 为光纤的损耗系数，γ 为光纤的声波模式增益因子，可以表示为 $\gamma = g_0/A_{\mathrm{eff}}$，$A_{\mathrm{eff}}$ 是有效纤芯面积，g_0 为布里渊增益峰值系数。若泵浦源输出的功率为 P_0，距离光源 z 处的注入光功率可以表示为 $P_p = P_0\exp(-\alpha z)$，具有洛伦兹型的布里渊增益 $g_B(f)$ 可以表示为[14]

$$g_B(f) = g_0 \frac{(\Delta f_B/2)^2}{(f-\nu_B)^2 + (\Delta f_B/2)^2} \qquad (2\text{-}60)$$

把光纤 z 处的注入功率 $P_p = P_0\exp(-\alpha z)$ 代入式（2-60）可以得出式（2-61）：

$$\frac{\mathrm{d}P_s}{\mathrm{d}z} = -\gamma g_B(f)P_0\exp(-\alpha z)P_s + \alpha P_s \qquad (2\text{-}61)$$

式（2-61）可以用斯托克斯波中注入的光子占有数 N 表示[15,16]

$$\frac{\mathrm{d}N}{\mathrm{d}z} = -\gamma g_B(f)P_0\exp(-\alpha z)(N+n_{sp}) + \alpha N \qquad (2\text{-}62)$$

其中，自发光子数 $n_{sp} = 1 + [\exp(hf_B/kT)-1)]^{-1} = kT/(h\nu_B)$，$k$ 为玻尔兹曼常量，h 为普朗克常量，T 为绝对温度。由于光纤中的自发布里渊散射较弱（即 $N(L)=0$），那么单一极化状态时的布里渊增益 $G(f)$ 为

$$G(f) = \frac{N(0)}{n_{sp}}$$

$$= \exp\{\kappa g_B(f)[1-\exp(-\alpha L)]\}\left(\frac{1}{\kappa g_B(f)} + \mathrm{e}^{-\alpha L}\right)$$

$$-1 - \frac{1}{\kappa g_B(f)} \qquad (2\text{-}63)$$

式中，$\kappa = g_0P_0/\alpha A_{\mathrm{eff}} = \gamma P_0/\alpha$，那么在整个频谱范围内的斯托克斯光功率 $P_s(0)$ 可以表示为

$$P_s(0) = 2n_{sp}\int_{-\infty}^{+\infty} hfG(f)\mathrm{d}f = \frac{2kT}{\nu_B}\int_{-\infty}^{+\infty} fG(f)\mathrm{d}f \qquad (2\text{-}64)$$

将式(2-63)代入式(2-64)可以得出：

$$P_s(0) = \frac{2\pi kTf_p\Delta f_B}{3\nu_B}$$

$$\cdot \frac{\exp(q)}{\sqrt{\pi q}}\left\{1 + \frac{1}{2}\exp(-\alpha L) - \left[1 - \exp(-\alpha L)\right]\left(1 - \frac{3}{4q}\right)\right\} \quad (2\text{-}65)$$

其中，$q = \dfrac{g_0 P_0\left[1 - \exp(-\alpha L)\right]}{\alpha A_{\text{eff}}}$，$L$ 为光纤的长度。

在布里渊散射过程中，布里渊散射阈值是一个比较重要的参数，所以人们对光纤中布里渊散射阈值做了很多理论和实验研究。1972 年，Smith 首次提出了布里渊散射阈值的理论计算式[17]，其后，Kung 又提出了相似结构的布里渊散射阈值计算公式[18]。他们提出的布里渊散射阈值计算公式可以用式(2-66)简要地表示为

$$P_{\text{th}} = \frac{GA_{\text{eff}}}{g_0 L_{\text{eff}}} \quad (2\text{-}66)$$

式中，P_{th} 为布里渊散射阈值，A_{eff} 为光纤有效面积，g_0 为布里渊增益系数，G 为阈值系数，L_{eff} 为光纤的有效长度，

$$L_{\text{eff}} = \frac{1}{\alpha}\left[1 - \exp(-\alpha L)\right] \quad (2\text{-}67)$$

式中，α 为光纤的损耗，L 为光纤的长度。根据式(2-67)可以计算出普通单模光纤的最大有效长度为 21km。

在 Smith 和 Kung 等提出的阈值计算公式中，阈值系数 G 都是一个常数，Smith 等提出的布里渊散射阈值系数是 21，而 Kung 等认为布里渊散射阈值系数应该是更小的数值。T. Horiguchi 等经过理论和实验研究，认为影响光纤中布里渊散射阈值有很多因素，除了与光纤长度、面积有关外，还与泵浦光的波长等因素有关，为此他提出了布里渊散射阈值系数的表达式[11]

$$G \approx \ln\left[\frac{4A_{\text{eff}}\nu_B\pi^{1/2}B^{3/2}}{g_0 L_{\text{eff}}kTf_p\Gamma}\right] \quad (2\text{-}68)$$

式中，f_p 为泵浦光频率，声子寿命 $T_B = 10\text{ns}$，声子衰减速率 $\Gamma = 1/T_B$，B 为 21，k 为玻尔兹曼常量。从式(2-68)可以看出，T Horiguchi 等人提出的布里渊散射阈值系数与光纤长度、有效面积、泵浦光的波长和温度等因素有关。

为了能够从基本定义上分析影响布里渊散射阈值的因素,利用其中一种较为常用的定义数值计算布里渊散射阈值。该定义为:光纤入射端的背向散射光功率等于入射光功率的 η 倍时的入射光功率为受激布里渊散射阈值,其中 $\eta=0.1^{[11,12]}$。结合式(2-65),可以得出布里渊散射阈值的表达式

$$\eta P_0 = \frac{2\pi k T f_p \Delta f_B}{3\nu_B}$$

$$\cdot \frac{\exp(q)}{\sqrt{\pi q}}\left\{1 + \frac{1}{2}\exp(-\alpha L) - [1 - \exp(-\alpha L)]\left(1 - \frac{3}{4q}\right)\right\} \quad (2\text{-}69)$$

在计算中,若取泵浦光的频率 $f_p=1.9\times10^{14}\,\mathrm{Hz}$,$\eta=0.1$,布里渊增益系数 $g_0=5\times10^{-11}\,\mathrm{m/W}$,温度为 300K,单模光纤的布里渊频移 $\nu_B=11\mathrm{GHz}$,纤芯折射率 $n=1.45$,有效面积 $A_{\mathrm{eff}}=50\mu\mathrm{m}^2$,布里渊谱线的宽度 $\Delta f_B=35\mathrm{MHz}$,光纤的损耗 $\alpha=0.2\mathrm{dB/km}$。

通过计算式(2-69),可以得出背向斯托克斯光功率与泵浦光功率的关系,如图 2-10 所示,图 2-10 中的另一条曲线是光纤长度为 10km 时,斯托克斯光功率等于泵浦光功率 0.1 倍时的功率曲线。从图 2-10 可以看出,随着泵浦功率的增加,斯托克斯光功率逐渐增加,当泵浦功率超过一定功率后,斯托克斯功率迅速增加。斯托克斯光功率等于泵浦功率 0.1 倍时,对应的泵浦光约为 1.9dBm,根据受激布里渊散射的阈值定义,这个泵浦功率即为该情况下的受激布里渊散射阈值。当泵浦功率低于阈值功率时,光纤中产

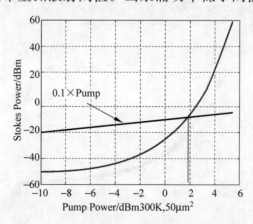

图 2-10　斯托克斯光功率与泵浦光功率的关系

生的是自发布里渊散射；而当泵浦功率超过阈值功率时，就形成了受激布里渊散射，此时大部分的入射光被转换成背向传输的布里渊散射光。

当温度为 300K（27℃）时，通过计算式（2-69），可以得出普通单模光纤布里渊散射阈值与光纤半径的关系如图 2-11 所示。可以看出，获得的布里渊散射阈值随光纤半径的增加而逐渐增加，当半径小于 6μm 时布里渊阈值的增幅较大，而半径大于 6μm 时布里渊散射阈值的增幅较小，这是因为在半径较小的光纤中，对于相同的入射光，光纤截面上的光强较大，容易激起受激布里渊散射，也即意味着布里渊散射阈值较低，半径越小，光纤截面上的光强越大，受激布里渊散射阈值就越小。

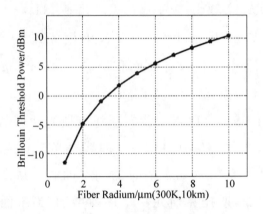

图 2-11　布里渊散射阈值与光纤半径的关系

当温度为 300K（27℃）时，且光纤的有效面积为 50μm² 时，求得布里渊散射阈值与光纤长度的关系如图 2-12 所示。从图 2-12 可以清晰地看出，

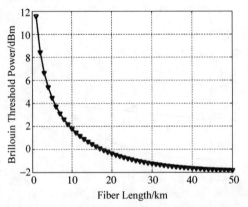

图 2-12　布里渊散射阈值与光纤长度的关系

布里渊散射阈值随着光纤长度的增加逐渐减小。当光纤长度大于 40km 时,布里渊散射阈值的降低幅度较小,主要是因为普通单模光纤的最大有效长度约为 21km,因此,当光纤的实际长度大于有效长度时,光纤的作用长度即为有效长度,而当光纤的实际长度小于有效长度时,光纤的作用长度即为实际长度,当光纤长度大于有效长度时,光纤的损耗是影响布里渊散射阈值缓慢减小的主要原因。在实际应用中,知道光纤长度及温度等条件,代入式(2-69)就可以计算出受激布里渊散射阈值的大小。

当光纤的长度和有效面积分别为 10km 和 $50\mu m^2$ 时,通过式(2-69)得出布里渊散射阈值与温度的关系如图 2-13 所示。可以看出,布里渊散射阈值随着温度的增加而逐渐降低,主要是因为随着温度的升高,光纤中分子等粒子的热运动增加,引起光纤中的声波速度增加,声波产生的密度光栅进一步增强,使得布里渊散射光的强度随密度光栅的增强而增强,因此更容易引起受激布里渊散射,也即降低了受激布里渊散射阈值。

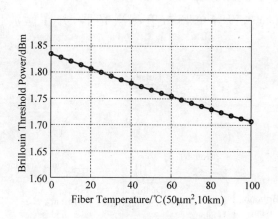

图 2-13　布里渊散射阈值与光纤温度的关系

从上面的计算结果可以看出,本文推导的计算公式很好地体现了光纤半径、长度以及温度对布里渊散射阈值的影响,利用该阈值表达式可以准确地计算出布里渊散射阈值。

2.4　基于布里渊散射的单纵模激光器设计

单纵模激光器在传感、雷达、相干检测和非线性光学方面有着非常重要的应用前景,同时,利用短的线性腔和环形腔结构可以获得高功率的单频激光器的输出[19]。由于受激布里渊散射的窄带增益效应,使得受激布里渊散射可以用作单频激光器的滤波器,这样就可以保证腔长为 10m 的布里渊激光器运转在单纵模的激光输出[20],例如,2009 年,W. Guan 提出了掺镱光纤的单频环形腔布里渊激光器,使用环形腔泵浦双包层掺镱光纤的受激布里渊散射的单模光纤输出,其结构如图 2-14 所示,其中双包层掺镱光纤的长度为 12m,获得了 1W 的输出功率,信噪比约为 55dB[21]。由于声波场具有较强的阻尼效应,使得布里渊激光器的噪声可以被较好地抑制,此外,由于线宽变窄效应,获得布里渊激光器的线宽小于 kHz 量级[22]。正是由于这些优点,使得单频布里渊激光器获得了大量的应用,本书正是基于布里渊激光器的优点,设计单频布里渊激光器,并在微波信号产生技术中应用。

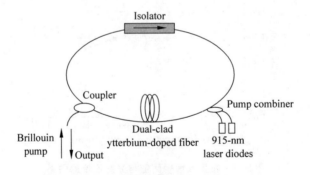

图 2-14　双包层光纤的布里渊单频激光器

2.4.1　布里渊激光器理论分析

布里渊环形腔激光器的反转粒子数不是自发辐射而是受激布里渊散射,这就限制了输出光的单色性[23]。由于受激布里渊散射是一个谱线带宽逐渐减小的过程,泵浦波、声波和斯托克斯波可以看成是通过慢变作用调制的高频载波,输出的受激布里渊散射谱宽由于滤波的作用会逐渐降低。光纤中受激布里渊散射的三波耦合方程可以表示为[24]

$$\partial_\tau \varepsilon_p + \partial_\xi \varepsilon_p = -gB\varepsilon_s \tag{2-70a}$$

$$\partial_\tau \varepsilon_s - \partial_\xi \varepsilon_s = gB^* \varepsilon_p \tag{2-70b}$$

$$(1/\beta_A)\partial_\tau B + B = \varepsilon_p \varepsilon_s^* \tag{2-70c}$$

式中,ε_p、ε_s 和 B 分别代表泵浦波、斯托克斯波和声波的复振幅,τ 为相对于入射光纤时的归一化时间,ξ 为归一化的光纤长度,g 是受激布里渊散射的耦合系数,β_A 为归一化的声波衰减率。若在式(2-70c)中忽略较弱的自发布里渊散射,式(2-70)的复振幅形式可以转化为相位的形式,如式(2-71)所示

$$\partial_\tau A_p + \partial_\xi A_p = -gA_a A_s \cos\theta \tag{2-71a}$$

$$\partial_\tau A_s - \partial_\xi A_s = gA_a A_p \cos\theta \tag{2-71b}$$

$$(1/\beta_A)\partial_\tau A_a + A_a = A_s A_p \cos\theta \tag{2-71c}$$

$$\partial_\tau \phi_p + \partial_\xi \phi_p = -g(A_a A_s/A_p)\sin\theta \tag{2-71d}$$

$$\partial_\tau \phi_s - \partial_\xi \phi_s = -g(A_a A_p/A_s)\sin\theta \tag{2-71e}$$

$$(1/\beta_A)\partial_\tau \phi_a = -(A_s A_p/A_a)\sin\theta \tag{2-71f}$$

式中,$\theta(\xi,\tau) = \phi_s(\xi,\tau) + \phi_a(\xi,\tau) - \phi_p(\xi,\tau)$,$A_i$ 和 ϕ_i($i=p,s,a$)是泵浦波、斯托克斯波和声波的振幅和相位的实部。

现在,考虑单纵模布里渊环形腔激光器,当布里渊增益谱的带宽与环形腔激光器的自由谱宽相近时,布里渊环形腔激光器可以运转在单纵模的模式,且背向散射的斯托克斯波与时间无关[25,26],这样就可以分析泵浦激光的相位波动是如何被转移给斯托克斯波的。如果环形腔的自由谱宽小于布里渊增益谱的带宽,发射的斯托克斯波就形成脉冲光信号,且发射谱的宽度与布里渊增益谱宽度相当,式(2-71)的边界条件就可以表示为

$$A_p(\xi=0,\tau) = \mu \tag{2-72a}$$

$$A_s(\xi=1,\tau) = RA_s(\xi=0,\tau) \tag{2-72b}$$

$$\phi_p(\xi=0,\tau) = \phi_0(\tau) \tag{2-72c}$$

$$\phi_s(\xi=1,\tau) = \phi_s(\xi=0,\tau) \tag{2-72d}$$

式中,μ 为无量纲的泵浦因子,$\phi_0(\tau)$ 为注入泵浦光的相位,R 为表征环形腔

特征的幅度反馈因子。布里渊环形腔激光器通常由稳态的单模激光器泵浦，泵浦源的强度噪声通常可以被忽略。相位的波动变化引起了随机的噪声，又因为 μ 与时间无关，所以相位的变化是引起噪声的主要因素。相位 $\phi_0(\tau)$ 是受静态 Langevin 方程约束的随机过程，该方程可以表示为

$$\frac{\mathrm{d}\phi_0(\tau)}{\mathrm{d}\tau} = q(\tau) \tag{2-73}$$

其中，$q(\tau)$ 是零均值 δ 相关的高斯噪声。在我们的实验中，布里渊激光器的泵浦光源是窄线宽可调谐的激光光源（TLS），其线宽约为几百 kHz。若环形腔是共振的斯托克斯波（$\delta_s = 0$），并忽略描述自发散射的 Langevin 项，就可以分析泵浦源的相位噪声对发射的斯托克斯光噪声特性的影响。若 $g = 6.04, \beta_A = 10.93, R = 0.36, \mu = 0.36$，根据式（2-71）、式（2-73）以及文献 [22] 可以得出相位和振幅在空间和时间上的变化关系，如图 2-15 所示。

从图 2-15(a)、图 2-15(b) 可以看出，声波的相位与泵浦光源的相位几乎相同，而斯托克斯波的相位波动与泵浦源的相位波动非常相关，且相位波动的强度非常弱，相位变量 $\theta(\xi=0,\tau)$ 在 0 附近波动，式（2-61）可以扩展到最低阶的 θ，那么振幅方程就不依赖于相位的变化。由于泵浦光振幅 μ 与时间无关，可以消掉式（2-61a, 2-61b, 2-61c）中的时间导数项，这样幅度仅依赖于归一化的光纤长度 ξ，而不依赖于相位，这说明了泵浦源的相位波动不能改变受激布里渊散射相互作用的三波幅度，从图 2-15(c) 也可以看出该现象。通过这些近似，式（2-73）可以简化为

$$\partial_\tau \phi_p + \partial_\xi \phi_p = -gA_s^2(\xi)\theta \tag{2-74a}$$

$$\partial_\tau \phi_s - \partial_\xi \phi_s = -gA_p^2(\xi)\theta \tag{2-74b}$$

$$\partial_\tau \phi_a = -\beta_A \theta \tag{2-74c}$$

式（2-74a）必须满足边界条件 $\phi_p(\xi=0,\tau) = \phi_0(\tau)$，$\phi_0(\tau)$ 是引起 ϕ_p 的时间和空间变化的量。在这种情况下，$gA_s^2\theta$ 项只呈现很小的变化，上面的近似主要是为了忽略它的影响，这意味着泵浦波的相位仍然没有受到影响，所以式（2-74）可以进一步简化为

$$\phi_p(\xi,\tau) = \phi_0(\tau-\xi) \tag{2-75}$$

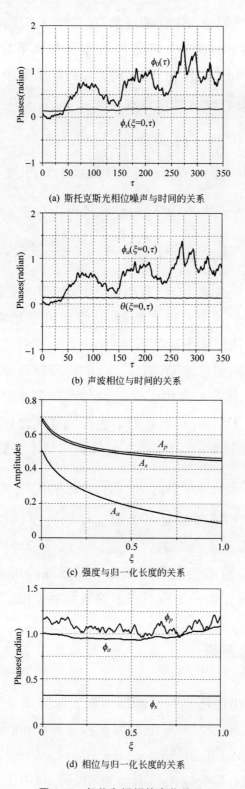

(a) 斯托克斯光相位噪声与时间的关系

(b) 声波相位与时间的关系

(c) 强度与归一化长度的关系

(d) 相位与归一化长度的关系

图 2-15 相位和振幅的变化关系

为了通过物理机制分析上面的现象,首先假设布里渊激光器的泵浦功率还没有远大于阈值功率,在这种情况下,泵浦的损耗效应可以被忽略,A_p^2 可以近似地等于 $(-\ln R)/g$,由于空间周期性边界条件 $\phi_s(\xi=1,\tau) = \phi_s(\xi=0,\tau)$,式 $\phi_s(\xi,\tau)$ 可以被分解为

$$\phi_s(\xi,\tau) = \sum_{n=-\infty}^{+\infty} S_n(\tau) e^{ik_n\xi} \tag{2-76}$$

式中,$k_n = 2\pi n$,$S_n^*(\tau) = S_{-n}(\tau)$,通过傅里叶变换和归一化条件 $\int_0^1 e^{ik_n\xi} e^{-ik_m\xi} d\xi = \delta_{nm}$,求解式(2-76),可以得出

$$\tilde{S}_0(f) = \frac{-\ln R}{\beta_A - \ln R + i2\pi f} \frac{e^{-i\pi f}\sin\pi f}{\pi f} \tilde{\phi}_0(f) \tag{2-77}$$

式中,$\tilde{S}_0(f)$ 和 $\tilde{\phi}_0(f)$ 分别为 $S_0(\tau)$ 和 $\phi_0(\tau)$ 的傅里叶变换,方程式(2-77)右边的第一部分相当于一个低通滤波器,这个滤波器将降低泵浦源的波动,第二个部分是一个使波动平滑的系统($\Delta\tau=1$)。斯托克斯波的相位波动实际上远低于泵浦光的相位波动,且 $\phi_0(\tau)$ 中的高频部分没有出现在斯托克斯波的 $\phi_s(0,\tau)$ 中,泵浦光的相干时间远大于布里渊激光器。当斯托克斯波的相位波动远低于泵浦波时,它们的色散同样也比较低,事实上,σ_p^2 和 σ_s^2 是通过 $\sigma_p^2 = K^2\sigma_s^2$ 相联系的,产生的斯托克斯谱的半高宽可以表示为

$$\Delta f_s = \frac{\Delta f_p}{(1 + (\pi\Delta\nu_B)/(-c\ln R/(nL)))^2} \tag{2-78}$$

式中,$\Delta\nu_B$ 为布里渊增益谱带宽,c 为真空中的光速,n 为光纤折射率,L 为环形腔长度,Δf_p 为布里渊泵浦源线宽。从式(2-78)可以看出,在布里渊激光器稳定输出时,输出激光的线宽是与泵浦源的线宽呈正比,不受泵浦光功率的影响,且线宽远小于自发布里渊散射谱宽度。

2.4.2 实验系统

我们设计的布里渊环形腔激光器本振光源如图 2-16 所示。可调谐激光光源(TLS)输出的光经 90∶10 的保偏耦合器(Coupler1)分成两路光,可调谐激光器为 Agilent lightwave measurement system 8164B,可调谐激光器的线宽为 100kHz,最大输出功率为 10dBm。其中 10% 的光进入掺铒光

纤放大器(EDFA)的输入端,掺铒光纤放大器为 KPS-BT2-C-30-PB-FA,最大输出功率为 30dBm,被放大的信号光经环形器(OC)进入环形腔中,作为布里渊激光器的泵浦信号,该环形腔包括一个环形器(OC)、隔离器(ISO)、80∶20 的耦合器(Coupler2)、普通单模光纤 SMF 和偏振控制器(PC)。布里渊泵浦信号从环形器的第二端口进入单模光纤中,在单模光纤中产生背向布里渊散射信号,其传输方向为顺时针方向。为了确保在环形腔中只存在一阶斯托克斯光,在斯托克斯光的传播方向上增加了光隔离器(ISO)。从保偏耦合器(Coupler1)90％端口输出的光被用作检测输出布里渊激光器的本振光。从耦合器(Coupler2)20％端口输出的布里渊激光,信号与从耦合器 10％端口输出的本振光在耦合器 Coupler3 上差频,混合后的信号经光电检测器 PD 转换为电信号,光电检测器为 U^2 T2120,其带宽为 50GHz,转换后的电信号经频谱分析仪进行分析处理,频谱分析仪为 Agilent E4440A,利用光谱分析仪(OSA)测量输出光的光谱及功率。

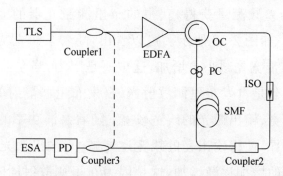

图 2-16　布里渊环形腔激光器结构示意图

2.4.3　实验结果与分析

根据图 2-16 所示的布里渊环形腔激光器,获得的布里渊激光器输出功率与泵浦光功率的关系如图 2-17 所示。可以看出,当泵浦光功率较低时,随着泵浦光功率的增加,输出的斯托克斯光功率增加比较缓慢,此时输出的光主要是自发布里渊散射光。当泵浦光功率超过 22dBm 时,输出的激光功率迅速增加,该泵浦光功率为激光器的阈值功率。当泵浦光功率增至 25dBm 时,输出的激光功率趋于平衡,达到了饱和状态。由前面相干检测的理论分析可知,随着本振光功率的增加,相干检测的测量精度会逐渐增加,因此可以通过调节布里渊激光器的泵浦光功率获得合适的布里渊激光功率,以提高系统的测量精度。

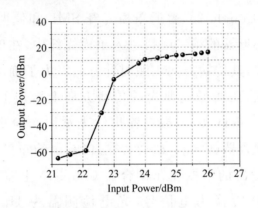

图 2-17　布里渊激光器输出功率与泵浦光功率的关系

布里渊激光器的频谱通过该布里渊激光器与窄线宽可调谐光源(~100kHz)进行差频测量获得,获得的布里渊激光器的 3dB 带宽和布里渊光泵浦的关系,如图 2-18 所示。可以看出,随着泵浦光功率的增加,布里渊激光器的 3dB 带宽先减小再增加,这主要是因为,当泵浦光功率较低时,输出光的主要成分是自发布里渊散射光,自发布里渊散射的谱宽大于受激布里渊散射的谱宽,输出激光的线宽较宽;随着泵浦功率的增加,受激布里渊散射逐渐占主导,使得输出光的线宽逐渐减小,输出激光线宽稳定之后,又随着泵浦功率的增加逐渐增加,这是因为布里渊散射同时是噪声放大的过程,在高功率泵浦时放大的自发辐射噪声夹杂在输出布里渊散射光中,

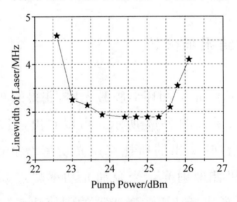

图 2-18　3dB 带宽与布里渊光泵浦的关系

增加了输出光的线宽。

　　泵浦光功率在 25dBm 时，通过频谱分析仪（ESA）直接测量输出布里渊激光器的纵模间隔，测得的布里渊激光器的纵模如图 2-19 所示。从图 2-19 可以看出，激光器的纵模间隔约为 18MHz，对于环形腔激光器，由公式 $\Delta f = c/nL$ 可知，该纵模间隔对应于约 11m 的激光腔长，各个纵模之间的消光比约为 17dB，由于激光器中的模式竞争，就使得该激光器可以运转在单纵模的状态下[27]。该布里渊激光器的频谱如图 2-20 所示，可以看出，该激光器的频谱为高斯型，3dB 带宽约为 2.8MHz，这个线宽远小于自发布里渊散射谱的 35MHz 谱宽，且当环境温度为 29℃时，布里渊频移为 10.522GHz。通过上面理论和实验分析，在实验中选取泵浦功率为 25dBm，此时输出的激光线宽为 2.8MHz，光功率为 14dBm。

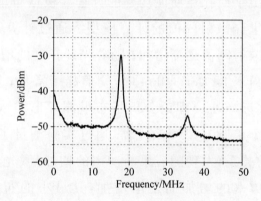

图 2-19　布里渊激光器的纵模

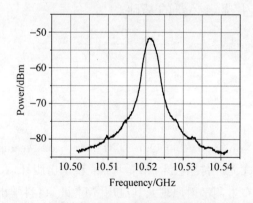

图 2-20　布里渊激光器的频谱

2.5　本章小结

本章首先讨论了光纤中泵浦光场、斯托克斯场和声波场之间相互作用而产生自发和受激布里渊散射的机理。然后,计算得出了在 1550nm 泵浦下,普通单模光纤的布里渊频移约为 11.15GHz,谱宽约为 41MHz,布里渊频移与温度和应力的系数分别为 1.18MHz/℃ 和 4.48MHz/%;计算了单模光纤中脉冲光的布里渊频谱,当脉宽小于 10ns 时,随着脉宽的减小,布里渊散射谱宽迅速展宽。由光波场的非线性波动方程,且在平面波以及慢变振幅近似下,得出了斯托克斯波功率的方程。根据布里渊散射阈值的常用定义,建立了布里渊散射阈值的计算模型。通过计算,发现随着光纤半径的增加,布里渊散射阈值逐渐增加;随着光纤长度的增加,布里渊散射阈值逐渐减小,当光纤长度大于 40km 时,阈值趋于常数;随着温度的增加,布里渊散射阈值逐渐减小。理论分析了布里渊环形腔激光器的相位噪声等性能,设计了一个单频布里渊激光器,通过实验测量了布里渊激光器的线宽与泵浦功率的关系,发现随着泵浦功率的增加,激光器的线宽先减小,稳定后随着泵浦功率的增加而逐渐增加,其最小的布里渊激光线宽为 2.8MHz,最大输出功率为 14dBm,该单频布里渊激光器的设计为后面的高频微波信号的产生奠定必要的基础。

参考文献

[1]　Agrawal G P. Nonlinear fiber Optics[M]. 4th ed. Academic Press,2007.

[2]　张旭苹.全分布式光纤传感技术[M].北京:科学出版社,2013.

[3]　程光煦.拉曼·布里渊散射原理及其应用[M].北京:科学出版社,2001.

[4]　Ippen E P, Stimulated Brillouin scattering in optical fibers[J]. Applied Physics Letters,1972,21(11):539-541.

[5]　Soller B, Gifford D, Wolfe M, et al. High resolution optical frequency domain

reflectometry for characterization of components and assemblies[J]. Optics Express, 2005, 13(2): 666-674.

[6] Fabelinski I L. Molecular scattering of light [M]. New York: Plenum Press, 1968.

[7] Agrawal G P. Nonlinear fiber optics[M]. New York: Academic Press, 2001.

[8] Naruse H, Tateda M. Optimum temporal pulse shape of launched light for optical time domain reflectometry type sensors using Brillouin backscattering [J]. Optical Review, 2001, 8(2): 126-132.

[9] Li H P, Ogusu K. Dynamic behavior of stimulated Brillouin scattering in a single-mode optical fiber[J]. Japanese Journal of Applied Physics Part 1—Regular Papers Short Notes & Review Papers, 1999, 38(11): 6309-6315.

[10] Lanticq V, Jiang S, Gabet R, et al. Self-referenced and single-ended method to measure Brillouin gain in monomode optical fibers[J]. Optics Letters, 2009, 34(7): 1018-1020.

[11] Horiguchi T, Tateda M. BOTDA-nondestructive measurement of single-mode optical fiber attenuation characteristics using Brillouin interaction: Theory [J]. Journal of Lightwave Technology, 1989, 7(8): 1170-1176.

[12] Esman R D. Brillouin scattering: beyond threshold[C]. Proceedings of the Optical Fibre Communications Conference, 1996: 227-228.

[13] Kurashima T, Horiguchi Y. Strain and temperature characteristics of Brillouin spectra in optical fiber for distributed sensing techniques [C]. ECOC98, 1998: 20-24.

[14] Kobyakov A, Kumar S, Chowdhury D, et al. Design concept for optical fibers with enhanced SBS threshold[J]. Optics Express, 2005, 13(14): 5338-5346.

[15] Shiraki K, Ohashi M, Tateda M. SBS threshold of a fiber with a Brillouin frequency shift distribution[J]. Journal of Lightwave Technology, 1996, 14 (1): 50-57.

[16] Smith R G. Optical power handling capacity of low loss optical fibers as determined by stimulated raman and Brillouin scattering[J]. Applied Optics, 1972, 11(11): 2489-2494.

[17] Smith R G. Optical power handling capacity of low loss optical fibers as determined by stimulated Raman and Brillouin scattering[J]. Applied Optics, 1972, 11(11): 2489-2494.

[18] Kung A. Laser emission in stimulated Brillouin scattering in optical fibers [D]. Ph. D. dissertation No. 1740 (Ecole Polytechnique Federale de Lausanne, Lausanne, Switzerland, 1997).

［19］ Wang G，Zhan L，Liu J，et al. Watt-level ultrahigh-optical signal-to-noise ratio single-longitudinal-mode tunable Brillouin fiber laser［J］. Optics Letters，2013，38(1)：19-21.

［20］ Polynkin A，Polynkin P，Mansuripur M，et al. Single-frequency fiber ring laser with 1W output power at 1.5μm［J］. Optics Express，2005，13(8)：3179-3184.

［21］ Guan W，Marciante J R. Single-frequency 1 W hybrid Brillouin/ytterbium fiber laser［J］. Optics Letters，2009，34(20)：3131-3132.

［22］ Wang J，Hou Y，Zhang Q，et al. High-power，high signal-to-noise ratio single-frequency 1 μm Brillouin all-fiber laser［J］. Optics Express，2015，23(22)：28978-28984.

［23］ Debut，Randoux S，Zemmouri J. Linewidth narrowing in Brillouin laser：theoretical analysis［J］. Physical Review A，2000，62(2)：023803-1-023803-4.

［24］ Debut，Randoux S，Zemmouri J. Experimental and theoretical study of linewidth narrowing in Brillouin fiber ring lasers［J］. Journal of Optical Society of America B，2001，18(4)：556-567.

［25］ Randoux S，Lecoeuche V，Segard B，et al. Dynamical analysis of Brillouin fiber lasers：an experimental approach［J］. Physical Review A，1995，51(6)：R4345-R4348.

［26］ Lecoeuche V，Randoux S，Segard B，et al. Dynamics of a Brillouin fiber ring laser：Off-resonant case［J］. Physical Review A，1996，53(4)：2822-2828.

［27］ Agrawal G P，Nonlinear fiber optics［M］. New York：Academic Press，2001.

第3章

基于单环结构的布里渊散射效应的宽带微波信号产生技术

由于具有较高的应用范围、抗电磁干扰等优点,微波信号的光学产生方法引起了研究人员的高度重视[1-3],并已经报道了一些方法。例如,使用强度或者相位调制器的调制技术[4-8],光学差频等方法[9-13]。调制方法的主要原理是在光电转换器上产生高阶光分量,例如,通过射频信号驱动的外部调制器。当射频信号驱动调制器时,由于调制器的非线性响应在输出端有多个高阶信号输出,这些高阶信号之间将会产生交叉噪声,并且由于各个参量之间的间隔非常小,因此很难利用滤波器的方法滤除掉,这些缺点将降低输出的微波信号质量。由于具有较低的相位噪声和较低成本等优点,基于同一个布里渊泵浦的外插布里渊散射微波信号产生方法被认为是一种非常有效和具有前景的方法[9-13]。然而,在以前的相关报道中微波信号的调谐范围较窄,信号的频率相对较低,这些缺点将限制该种方法在未来无线通信网及光通信系统中的应用。为了能够获得更高质量和较宽调谐范围的微波信号,一种基于受激布里渊散射的宽带微波信号产生的方法被实验验证[13],然而,该方法获得的微波信号频率相对较低。在本章中,提出并实验验证一种双带宽高频可调谐微波信号产生的方法,该方法在单频布里渊环形腔激光器中使用温度控制器,且在系统中增加了移频控制单元,获得了宽带高频微波信号。该微波信号源主要包括带有温度控制系统的布里渊单频激光器,通过控制增益介质的温度、泵浦源的中心波长和可调衰减器的损耗等获得可调谐微波信号输出。

3.1　差频结合平衡检测基本原理

差频检测是利用光的相干性对光载波所携带的信息进行检测和处理,图 3-1 所示为差频检测的原理示意图,在差频检测系统中,除了用于检测的信号光外,还需要增加用来与信号光进行相干检测的参考光,又称为本振光。信号光与参考光经耦合器耦合到光电检测器中,光电检测器将信号光与参考光混合时产生的拍频信号转换为电信号后,经滤波器滤波、放大器放大,即可得到信号光与参考光的差频信号。

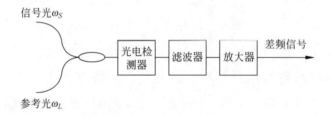

图 3-1　差频检测系统示意图

在图 3-1 中,若窄线宽可调谐激光光源(TLS)输出频率为 ω_S 的光作为信号光,参考光的频率为 ω_L,那么信号光和参考光的电磁场可以分别表示为[14]

$$E_S(t) = E_S \exp(i\omega_S t) \tag{3-1}$$

$$E_L(t) = E_L \exp(i\omega_L t) \tag{3-2}$$

其中,E_S 和 E_L 分别是信号光和参考光的振幅,n 为光纤的折射率,c 为真空中的光速,r 为光场矢量。在光纤中 $r_S = r_L$,当信号光和参考光混合后被光电检测器接收到的信号光波场可以表示为

$$E_c(t) = E_S(t) E_L(t)$$
$$= E_S E_L \exp\left\{i\left[(\omega_S + \omega_L)t + \frac{n(\omega_S + \omega_L)}{c}r\right]\right\}$$

$$+ E_S^* E_L^* \exp\left\{- i\left[(\omega_S + \omega_L)t + \frac{n(\omega_S + \omega_L)}{c}r \right]\right\}$$

$$+ E_S^* E_L \exp\left\{ i\left[(\omega_S - \omega_L)t + \frac{n(\omega_S - \omega_L)}{c}r \right]\right\}$$

$$+ E_S E_L^* \exp\left\{- i\left[(\omega_S - \omega_L)t + \frac{n(\omega_S - \omega_L)}{c}r \right]\right\} \quad (3\text{-}3)$$

从式(3-3)中可以看出,方程式中有四个子项,分别对应两个频率成分,第一个和第二个子项为高频光($\omega_S + \omega_L$),第三个和第四个子项为低频光($\omega_S - \omega_L$)。由于检测器带宽的限制,式(3-3)中的高频分量在检测器上不发生响应,可以忽略,此时检测器检测到低频光的光场可以表示为

$$E_c(t) = E_S^* E_L \exp\left\{ i\left[(\omega_S - \omega_L)t + \frac{n(\omega_S - \omega_L)}{c}r \right]\right\} + c.c + \cdots \quad (3\text{-}4)$$

由式(3-3)和式(3-4)可知,差频检测得到的光功率可以表示为

$$P_c = \eta (E_c(t))^2 = \eta E_S^2 + \eta E_L^2 + 2\eta E_S E_L \cos((\omega_S - \omega_L)t + \Delta\phi(t))$$

$$= P_S + P_L + 2\sqrt{P_S \cdot P_L} \cos((\omega_S - \omega_L)t + \Delta\phi(t))$$

$$(3\text{-}5)$$

式中,η 为光电检测器的响应率,$\Delta\phi(t)$ 为参考光和信号光的相位差,P_L 和 P_S 分别为参考光和信号光的功率。光电检测器输出的光电流可以表示为

$$i = kEE^* = k(E_S^2 + E_L^2 + 2E_S E_L \cos(\omega_S - \omega_L)t) \quad (3\text{-}6)$$

式中,$k = \dfrac{e\eta}{h\omega_0}$ 是光电检测器的响应度,由式(3-6)可以看出,光电检测器产生的电信号包含直流分量 $k(E_S^2 + E_L^2)$ 和交流分量 $2kE_S E_L \cos(\omega_S - \omega_L)t$。通过使用滤波器或者使用交流耦合输出的检测器,可以得到交流输出信号,可以表示为

$$i_S = 2kE_S E_L \cos(\omega_S - \omega_L)t \quad (3\text{-}7)$$

从式(3-7)可以看出,交流输出电流的大小正比于信号光的振幅 E_S。由于信号的功率正比于检测器输出电流的均方值,因此可以表示为

$$\overline{(i_S)^2} = 2k^2 E_S^2 E_L^2 = 2P_S P_L \left(\frac{e\eta}{\hbar \omega}\right)^2 \quad (3\text{-}8)$$

式中,P_S 和 P_L 分别为信号光和参考光信号的功率,e 为电子电荷,η 为检测器量子效率,$\hbar$ 为约化普朗克常数,ω 为信号光与参考光的平均频率,因

此,差频检测系统测量的信噪比可表示为

$$\frac{S}{N} = \frac{2P_S P_L \left(\dfrac{e\eta}{\hbar\ \omega}\right)^2}{2ei_d B + 2eP_L \dfrac{e\eta}{\hbar\ \omega}B + 2eP_N \dfrac{e\eta}{\hbar\ \omega}B} \qquad (3\text{-}9)$$

式中,i_d 为检测器暗电流,B 为检测器带宽,P_N 为检测器其他噪声所具有的等效光功率,式(3-9)右边分母中的各项分别代表暗电流噪声、参考光引起的散粒噪声以及检测器的其他噪声(如热噪声等)所引起的噪声,通常情况下,参考光的功率 P_L 远高于其他成分,故其引起的噪声在系统噪声中占主导,所以信噪比可简化为

$$\frac{S}{N} = \frac{2P_S P_L}{2eP_L B}\frac{e\eta}{\hbar\ \omega} = \frac{\eta P_S}{\hbar\ \omega B} \qquad (3\text{-}10)$$

从式(3-10)可以看出,信噪比仅与检测器的量子效率成正比,而与检测器中的噪声无关,因此差频检测在理论上能达到检测器的量子极限,检测器的量子效率越高,它就能达到越高的信噪比。

差频检测技术与平衡检测方法相结合可以提高测量信号的质量,在后面微波信号产生过程中对光电信号的接收通常采用平衡检测方法,如图 3-2 所示,信号光与参考光经一个 3dB 耦合器混合相干后再经耦合器两输出端口进入平衡检测器(Balanced PD)的两端口,平衡检测器是由两个性能几乎一样的雪崩光电二极管组成,其电路设计可以将这两个雪崩光电二极管输出的电流作差,从而获得交流分量输出。利用平衡检测器可以很好地抑制电路中的噪声,获得极高的检测灵敏度和共模抑制比。

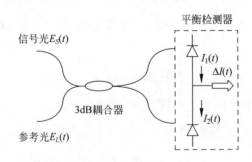

图 3-2　平衡检测方法示意图

若信号光和参考光的光功率分别为 $P_S(t)$ 和 $P_L(t)$,其角频率分别为 ω_S 和 ω_L,下面分析平衡检测原理的数学描述

$$E_S(t) = \sqrt{P_S(t)} \cdot \exp(i\varphi_S(t)) \cdot \exp(i\omega_S t) \tag{3-11}$$

$$E_L(t) = \sqrt{P_L(t)} \cdot \exp(i\varphi_L(t)) \cdot \exp(i\omega_L t) \tag{3-12}$$

外差相干后,耦合器两端输出的电流可以分别表示为

$$I_1(t) = \frac{k}{2}(P_S(t) + P_L(t) + 2\sqrt{P_S(t)P_L(t)}$$
$$\cdot \sin((\omega_S - \omega_L) \cdot t + \varphi_S(t) - \varphi_L(t))) \tag{3-13}$$

$$I_2(t) = \frac{k}{2}(P_S(t) + P_L(t) - 2\sqrt{P_S(t)P_L(t)}$$
$$\cdot \sin((\omega_S - \omega_L) \cdot t + \varphi_S(t) - \varphi_L(t))) \tag{3-14}$$

式中,k 为平衡检测器的响应度,于是可以得出平衡检测器的交流耦合输出的表达式

$$\Delta I(t) = 2k\sqrt{P_S(t)P_L(t)} \cdot \sin((\omega_S - \omega_L) \cdot t + \varphi_S(t) - \varphi_L(t)) \tag{3-15}$$

从上面的分析可以看出,利用平衡检测方法得到的检测信号的功率是普通检测方法的 4 倍,而且获得信号的共模抑制比高、失真小。

由上面的分析可见,差频检测方法不仅可以将太赫兹量级的高频信号降至易于检测和处理的百兆赫兹的中频信号,而且还可以提高待测信号谱的测量精度。从获得的交流信号还可以看出,无论是信号光还是参考光功率的增强都将增加输出信号的功率,在检测器不饱和的情况下,通过增大参考光功率可以增大输出信号的功率,以提高检测的灵敏度和信号的测量精度。在获得的交流信号中,两束光的相位差($\Delta\phi(t)$)将影响输出信号的功率,导致噪声的增加。所以,为了减小噪声以及提高测量精度,要求本振光与信号光是相干光源且功率可调。

3.2 基于布里渊散射的可调微波信号产生的实验系统

基于布里渊激光器的可调谐微波信号产生的实验装置,如图 3-3 所示。窄线宽可调谐激光器(TLS)输出的激光被耦合器(Coupler1)分成两束信号,90%的一路信号光进入环形器(OC1)的第一个端口,从第二个端口进

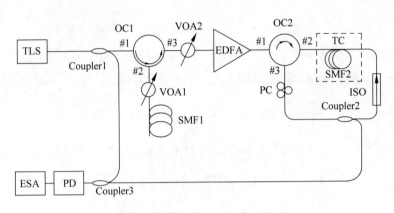

图 3-3 微波信号产生的实验装置

入可调衰减器（VOA1）和普通单模光纤（SMF1）中，SMF1 的长度为 10km，该信号光在 SMF1 中产生受激布里渊散射，受激布里渊散射信号通过 OC1 的第二个端口进入环形器，从其第三个端口输出，经可调衰减器 VOA2 调节进入掺铒光纤放大器（EDFA）放大的输入功率，以免超过其输入功率的上限，被掺铒光纤放大器放大的信号作为单频布里渊激光器的泵浦源，该布里渊泵浦光进入环形器（OC2）的第一个端口，从第二个端口输出到环形腔中。环形腔包括偏振控制器（PC）、光隔离器（ISO）、单模光纤（SMF2）、温度控制器（TC）和一个 80：20 的光耦合器（Coupler2）。在这个环形腔中，布里渊泵浦和背向散射信号的传输方向分别是顺时针和逆时针方向。为了确保在环形腔中只有一阶斯托克斯波产生，环形腔中使用了光隔离器（ISO），其传输方向与一阶斯托克斯波的传输方向一致。第一个可变光衰减器（VOA1）是为了调节普通单模光纤 SMF1 中的泵浦信号功率，调节 VOA1 的损耗，当泵浦光功率超过第 SMF1 中的受激布里渊散射阈值时，从环形器 OC1 的第三个端口输出的信号即为受激布里渊散射信号；若 VOA1 损耗较大，在普通单模光纤 SMF1 中产生的是瑞利散射信号，从环形器 OC1 的第三个端口输出的信号波长就等于可调谐激光器（TLS）的波长，这样就可以改变单纵模环形腔激光器的泵浦波长，从而改变输出单频布里渊激光器的输出信号波长。从耦合器（Coupler2）的 20％ 端口输出的光与耦合器（Coupler1）输出端的光在耦合器（Coupler3）上混合后在光电检测器（PD）上进行差频检测，获得微波信号输出。为了获得可调谐微波信号，在环形腔中的增益介质 SMF2 被温度控制器控制其温度，单模光纤

SMF2 的长度约为 5m,通过改变 SMF2 的温度,将会获得不同波长的布里渊散射信号输出。通过频谱分析仪(ESA)对获得的微波信号进行测量和分析。

3.2.1　温度控制系统设计

在实验系统中需要使用温度控制系统,因此必须针对微波信号产生的性能要求设计温度控制系统,以保证输出信号的稳定性和可调谐性能。在温度控制系统的设计方面,研究人员做了大量的研究工作,主要是利用 DSP 或者单片机等处理器设计温度控制系统,获得了一定的进展[15-20]。例如,夏金宝等利用 MSP430 单片机进行温度控制系统的设计,实现了 0.2℃ 的控制精度[20]。为了进一步提高温度控制系统性能,相关学者针对温度控制系统提出了多种控制算法[21-23],戴俊珂等提出了自整定模糊 PID 算法的 LD 温度控制系统[21];杨智等采用模糊 PID 控制的方法应用于试验箱,相对常规 PID 控制,该算法具有更快的响应速度以及更小的超调[22];冯晨纯等利用模糊 PID 算法,仿真了黏度仪恒温系统,仿真结果显示积分分离 PD 和模糊自适应 PID 相结合的复合算法具有较小的超调量[23]。为了使系统能够快速地达到稳定工作状态,降低温度的稳态时间,王如刚等提出并实验验证了一种串联双 PID 控制的高精度热电制冷器(TEC)温度控制系统。该控制系统的控制芯片采用飞思卡尔 MC9S12XS128MAL 单片机,通过负温度系数热敏电阻进行温度信息的采集,驱动电路采用 BTN7971 芯片驱动 TEC 工作,在软件编程上,通过采用串联 PID 算法,利用闭环负反馈结构实现温度的稳定控制。

1. 控制单元设计

温度控制系统的结构主要由单片机、液晶显示器、键盘输入、热电制冷器(TEC)芯片、TEC 驱动电路、温度传感器电路及其驱动电路和 A/D 转换器等构成,系统结构如图 3-4 所示。系统核心处理单元采用飞思卡尔公司 16 位控制器 MC9S12XS128MAL,该芯片具有 16 位 S12CPU,CPU 总线频率是 40MHz,可以超频到 64MHz,全功率模式下单电源供电范围为

3.15~5V,可设置 8、10 和 12 位 ADC,具有高性能的 12 位 AD 转换器。微控制器通过 AD 模数转化器采集激光器的温度,并利用 PID 控制算法,自动调节制冷片的 TEC 电压值和 PWM 脉冲。为了实现系统的温度控制和响应时间最小,并保证系统在稳定后所消耗的电功率最少,系统采用微控制器 I/O 端口调节电压和定时器实现 PWM 脉冲输出相结合的方式。该控制器芯片的 PWM 调制波有 8 个输出通道,每一个输出通道都可以独立地进行输出,都有一个精确的计数器,每一个 PWM 输出通道都能调制出占空比从 0~100% 变化的波形。电压调节控制 TEC 的最大输出工作电压,PWM 脉冲的宽度控制 TEC 的加热或制冷时间,驱动电路的电流流向控制 TEC 的工作方式。

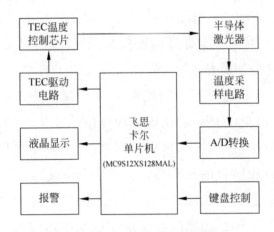

图 3-4 温度控制系统的结构示意图

2. 温度采样模块

以温度作为反馈量的闭环温度控制系统,测温元件的灵敏度和分辨率对系统起着至关重要的作用。热敏电阻依照其电阻值随温度变化的情况,主要分为负温度系数(negative temperature coefficient,NTC)热敏电阻和正温度系数(positive temperature coefficient,PTC)热敏电阻[24]。PTC 的电阻值可以随温度的上升而增大,由于其温度系数非常大,主要应用于消磁电路、加热器、电路保护和温度补偿电路,NTC 的电阻值随温度的上升而下降,可以检测微小的温度变化,因此被广泛地应用于温度的检测电路、电路软启动、控制与补偿电路。此外,NTC 还具有电阻温度系数大、灵敏度高、电阻率高、热惯性小等优点。因此，选择 NTC 作为温度控制系统的温度传感器。NTC 热敏电阻阻值与温度变化的关系式为[20]

$$R_T = R_N \exp\left(B\left(\frac{1}{T} - \frac{1}{T_N}\right)\right) \tag{3-16}$$

其中，R_T 为在规定温度 T 时的 NTC 热敏电阻阻值，R_N 为在额定温度 T_N 时的 NTC 热敏电阻阻值，B 为 NTC 热敏电阻的材料系数，R_N 通常用额定零功率电阻值 R_{25} 表示，额定零功率电阻值是 NTC 热敏电阻在基准温度 25℃时测得的电阻值，这个电阻值就是 NTC 热敏电子的标称电阻值。NTC 实测电阻值与温度的关系如表 3-1 所示。

表 3-1 热敏电阻实测温度值

温度/℃	电阻/kΩ	温度/℃	电阻/kΩ
20	1.5	25	1.2
21	1.42	26	1.17
22	1.38	27	1.12
23	1.32	28	1.06
24	1.25	29	1.03

根据式(3-15)和表 3-1 可以计算出 NTC 热敏电阻的材料系数 B 为 3900K。由于传感器直接输出的模拟量幅度一般较低，同时为了更好地提高系统的抗干扰能力，在温度传感器的后端对信号进行放大，采用的是由 OPA842 组成的放大电路，信号经过放大后输出给 AD 转换器，温度采样电路如图 3-5 所示。在温度采样电路中，10kΩ 的 NTC 热敏电阻与 10kΩ 电阻串联在高精度 2.5V 电压源与地之间，通过分压间接得到 NTC 阻值。A/D 芯片是 16 位模数转换芯片 LTC1859，采用 5V 电压工作模式。

3. 驱动电路模块

驱动电路模块是温控系统的核心模块，为保证高精度地控制温度，温控执行元件必须容易控制，而且为了与增益光纤封装在一起，温控执行元件还需具有结构简单等特点。因此，选择半导体致冷器（TEC）作为温控执行元件。TEC 是利用帕尔帖效应的装置，通过控制 TEC 电流的方向可以控制其吸热或放热，但是 TEC 的电流一旦超过某值，就只是发热而不再制冷，因此应避免这种情况的发生。若 TEC 过压、过流，容易造成激光器损

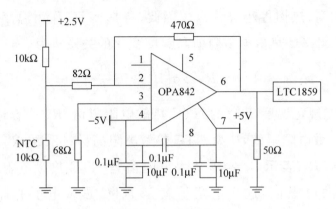

图 3-5　温度采样电路

坏。只有集成了控制电路和保护功能的专用芯片才能完成精确温度控制的任务,因此该系统选用 BTN7971 作为控制 TEC 的芯片。BTN7971 是应用于电机驱动的大电流、半桥高集成芯片,它带有一个 P 沟道的高边 MOSFET、一个 N 沟道的低边 MOSFET 和一个驱动 IC。P 沟道高边开关省去了电荷泵的需求,因而减小了 EMI(电磁干扰)。BTN7971 集成的驱动 IC 具有逻辑电平输入、电流诊断、斜率调节、死区时间产生和过温、过压、欠压、过流及短路保护等功能。通态电阻典型值为 16mΩ,驱动电流可达 43A。设计的驱动电路模块如图 3-6 所示,该电路采用两片 BTN7971 构成一个全桥驱动,由于 BTN7971 是大电流驱动芯片,因此,在单片机控制信号的输出和 BTN7971 的 IN 端之间加入了双通道逻辑输出高速光耦合 HCPL-2630 电路,该电路起到隔离保护的作用,避免因过流、短路等故障导致大电流流入,而损坏单片机。从两个 BTN7971 输出的两个 PWM 波的高低电平控制 TEC 的加热或制冷,当其中一个 BTN7971(IC2)的 PWM 波电压高于另一个 BTN7971(IC1)的 PWM 波电压时,电流从 TEC＋流向 TEC－,同理也可提供从 TEC－流向 TEC＋的电流,能够为 TEC 提供双向电流。

4. 双 PID 控制算法设计

PID 控制算法是工程控制领域常用的一种算法,它具有结构简单、易实现、性能良好等优点,因此,在高精度温度控制系统中常采用 PID 控制,PID 算法连续系统的表达式可以表示为[22]

$$u(t) = K_p e(t) + K_i \int_0^t e(t)\,\mathrm{d}t + K_d \frac{\mathrm{d}e(t)}{\mathrm{d}t} \tag{3-17}$$

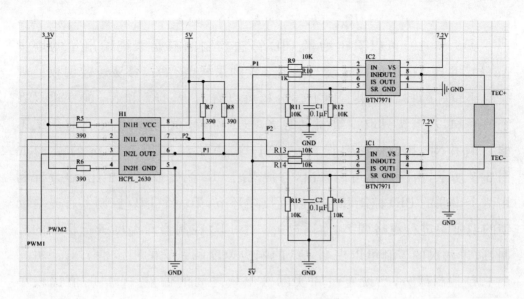

图 3-6　TEC 驱动电路

式中,K_p 为比例作用系数,影响系统响应速度和精度,K_p 越大,系统的响应速度越快,系统的调节精度越高,但易产生超调,甚至会导致系统不稳定,K_p 取值过小,则会降低系统调节精度,使系统响应速度缓慢,从而延长调节时间,使系统静态、动态特性变差;K_i 为积分作用系数,影响系统稳态精度,但 K_i 过大,在响应过程的初期会产生积分饱和现象,从而引起响应过程的较大超调,若 K_i 过小,将使系统静态误差难以消除,影响系统的调节精度;K_d 为微分作用系数,影响系统动态特性,其作用主要是在响应的过程中抑制偏差向任何方向的变化,对偏差变化进行提前预报,但 K_d 过大会使响应过程提前制动从而延长调节时间,而且会降低系统的抗干扰性能。$e(t)$ 为设定量和实际输出量之间的偏差,由此可以看出 PID 算法其实是对偏差的控制过程,系统使用的微处理器只能根据采样时刻的偏差值计算输出控制量,因此,PID 算法要离散化,离散后的 PID 算法表达式为

$$u(k) = K_p e(k) + K_i T \sum_{j=0}^{k} e(j) + K_d \frac{e(k) - e(k-1)}{T} \tag{3-18}$$

式中,k 为采样序列号,T 为采样时间。从式(3-17)可以得出增量 PID 算法的表达式为

$$\Delta u(k) = u(k) - u(k-1)$$
$$= K_p [e(k) - e(k-1)] + K_i e(k)$$

$$+ K_d[e(k) - 2e(k-1) + e(k-2)] \tag{3-19}$$

从式(3-19)可以看出增量 PID 算法控制的只是系统输出量的增量 $\Delta u(k)$，并且 $\Delta u(k)$ 的确定仅与最近 3 次的采样值有关，容易通过加权处理获得比较好的控制效果。由上述分析可以看出 K_p、K_i 和 K_d 的变化对系统的影响，若系统只取一组固定的 K_p、K_i 和 K_d 值，则偏差变化时系统不能及时应对，因此，我们设计的 PID 算法的温度控制系统的结构如图 3-7 所示，由图 3-7 可以看出，与常规的 PID 温度控制器相比，该设计利用两个串联的 PID 控制和一个温度反馈环节，第一个 PID 控制器首先对反馈的温度量进行粗略调节，而通过第二个 PID 控制器对温度进行精细的控制，通过两次的控制可以提高系统的响应速度和系统的稳定性。对于每一个 PID 控制部分，当设定量和实际输出量之间的偏差 $|e(t)|$ 的值比较小时，为了使系统具有较好的稳定性，在 K_p 和 K_i 选取时，偏向大一点的数值；当偏差 $|e(t)|$ 的值为中等大小时，为了使系统超调量变得更小，K_p 应取小一点的数值，在这种情况下，K_d 取值的大小对系统的影响会比较大，因此，K_d 的取值要适当；当偏差 $|e(t)|$ 的值比较大时，为了使系统能更快地达到稳定状态，应取较大的 K_p 和较小的 K_d，同时为了不产生较大的超调量，应对积分作用加以限制，通常取 $K_i = 0$。

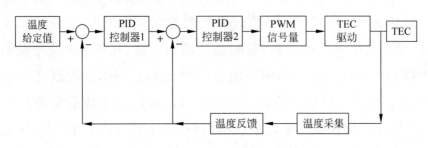

图 3-7　双 PID 温度控制结构

3.2.2　性能分析

当环境温度为 26.6℃，设定的温度为 40℃时，分别利用常规单一 PID 控制器和双 PID 控制器控制 TEC，被测物体的温度与时间的关系如图 3-8 所示，为了更清晰地反映常规单一 PID 和双 PID 控制曲线的区别，将图形曲线进行了放大嵌入在图的内部,从图 3-8 可以看出,双 PID 控制器的调节时间约为 40s,系统无超调;而常规单一 PID 控制在 28s 时出现最大超调,超调量约为 1.6℃,之后温度出现波动,到 100s 时系统才趋于稳定,之后系统具有一定的误差。因此,验证了带有双 PID 控制的快速性和稳定性,特别适用于对超调量要求苛刻的系统。实验结果可以用表 3-2 进行表示。从图 3-8 和表 3-2 的实验结果来看,在升温控制方面,相对于常规的 PID 控制,双 PID 控制有较快的效应速度和更小的超调量,使温度控制系统的性能更加优越。

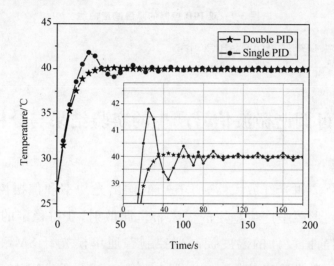

图 3-8　双 PID 和单一 PID 控制的温度响应曲线

表 3-2　两种算法的性能参数比较

控制方法	上升时间/s	调节时间/s	超调量/s
单一 PID 控制	28	100	4%
双 PID 控制	30	40	0.1%

为了验证系统的降温性能,当环境温度为 26℃,设定要控制的温度为 10℃时,利用该双 PID 控制器控制 TEC 工作,被测物体的温度与时间的关系如图 3-9 所示,从图中可以看出,温差下降 16℃时,双 PID 控制器的降温调节时间约为 50s,系统无超调。从升温和降温的两个实验结果可以看出,提出的双 PID 温度控制系统具有较好的温度控制功能,且系统没有超调量。

从实验结果来看,设计的温度控制系统的温度控制性能可以满足我们

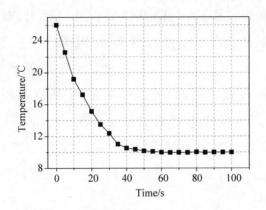

图 3-9　双 PID 控制的降温响应曲线

在微波信号产生系统中的应用要求。

3.3　可调谐微波信号产生的实验结果与分析

通过调节掺铒光纤放大器(EDFA)的输出光功率和偏振控制器(PC)，可以在这个环形腔中产生稳定的受激布里渊散射，获得稳定的激光输出信号，通过利用前面设计的温度控制器控制普通单模光纤 SMF2 的温度，获得不同波长的激光输出信号。通过调节可调衰减器 VOA1 的衰减值，将改变进入单模光纤 SMF1 的泵浦功率，当 VOA1 的衰减值较小时，进入 SMF1 中的泵浦功率就高，当超过 SMF1 的受激布里渊散射阈值时，在 SMF1 中就可以产生稳定的受激布里渊散射，如果可调谐激光器 TLS 的频率为 f_{TLS}，SMF1 的布里渊频移量为 ν_{SMF1}，此时，环形腔激光器的泵浦信号频率即为 $f_{TLS}-\nu_{SMF1}$，当环形腔激光器中的单模光纤 SMF2 的布里渊频移为 ν_{SMF2} 时，从耦合器 Coupler2 输出的信号频率就可以表示为 $f_{TLS}-\nu_{SMF1}-\nu_{SMF2}$，该信号与 Coupler1 分出的 10% 的可调谐激光器 TLS 信号在耦合器 Coupler3 上混合进行差频，从光电检测器输出的信号即为微波信号的输出，此时，其频率为 $\nu_{SMF1}+\nu_{SMF2}$，由于在单频环形腔激光器中，单模光纤 SMF2 受温度控制器的控制，因此，输出信号的频率可以进一步地修改为 $\nu_{SMF1}+\nu_{SMF2}(T)$。当 VOA1 的衰减值较大时，进入 SMF1 中的泵浦功率较低,不能够产生稳定的受激布里渊散射,产生的背向散射信号中瑞利散射信号占主要地位,此时,单纵模环形腔激光器的泵浦光为瑞利散射光,其频率为可调谐激光器 TLS 的频率 f_{TLS},从耦合器 Coupler2 输出的信号光频率为 $f_{\text{TLS}} - \nu_{\text{SMF2}}(T)$,经过与耦合器 Coupler1 分出的本振光差频后进入到光电检测器中,输出微波信号的频率为 $\nu_{\text{SMF2}}(T)$。

　　当可调谐激光器(TLS)的输出功率为 5dBm,掺铒光纤放大器(EDFA)的输出功率为 25dBm 时,通过差频检测的方法,布里渊激光器输出的频谱如图 3-10 所示,通过直接测量获得的信号模式间隔如图 3-10 中的纵模间隔图所示。从图 3-10 可以看出,信号的频谱为高斯型,3dB 带宽约为 2.1MHz,纵模间隔约为 20MHz。对于环形腔激光器,纵模间隔的计算方程可以表示为

$$\Delta f = \frac{c}{2nL} \tag{3-20}$$

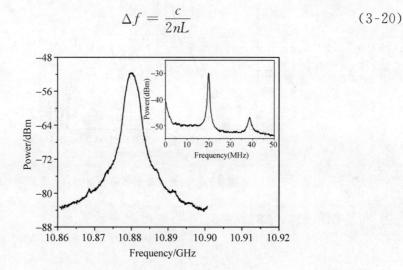

图 3-10　环形腔激光器的差频谱及纵模间隔

式中,n 为介质折射率,c 为真空中的光速,L 为环形腔长度。从式(3-20)可以得出,20MHz 的模式间隔对应于 5m 的腔长,20MHz 的模式间隔可以保证布里渊环形腔激光器处于单频激光器运转[24]。

　　为了获得多带宽的微波信号,利用单模光纤(SMF1)进行移频,当可调衰减器(VOA1)的损耗比较高时,背向布里渊散射信号的强度较弱,在光纤 SMF1 中的背向散射主要是瑞丽散射,其波长等于可调谐泵浦源 TLS 的信号波长,所以图 3-3 中的环形腔布里渊激光器的泵浦波长也等于可调谐泵

浦源 TLS 的信号波长。通过调节 EDFA 的输出功率和偏振控制器 PC 的偏振状态,在耦合器(Coupler2)的输出端可以获得稳定的受激布里渊散射输出,输出信号的频率为 $f-\nu_{B2}$,其中 f 为可调谐激光器(TLS)的中心频率,ν_{B2} 是单模光纤(SMF2)的布里渊频移,在这种情况下,输出的微波信号频率为 ν_{B2}。通过差频布里渊激光器信号和可调谐激光器(TLS)信号,可以获得微波信号,利用光谱分析仪(OSA)获得的信号光谱如图 3-11 所示,从图 3-11 中可以看出,图的左边为瑞丽散射信号,图的右边为布里渊散射信号,两个散射信号的波长间隔约为 0.087nm,所以对应的布里渊频移为 10.88GHz(环境温度为 25℃)。

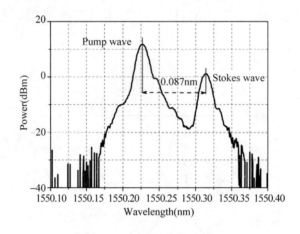

图 3-11 布里渊散射信号的光谱

布里渊散射信号的频移计算公式可以表示为

$$\nu_B = \frac{2nV_a}{\lambda_p} \tag{3-21}$$

其中,n 为介质的折射率,V_a 为光纤中声波速度,λ_p 为泵浦波长。从式(3-21)可以看出,布里渊频移与泵浦波长成反比。测量的微波信号频率和泵浦波长的关系如图 3-12 所示,从图 3-12 可以看出,微波信号的频率随着泵浦波长的增加而降低,所以,微波信号可以通过调节泵浦波长来改变输出微波信号的频率。当泵浦波长为 1528~1565nm 时,输出的微波信号频率为 10.77~11.041GHz,此外,输出微波信号频率和泵浦波长的斜率约为 7.3MHz/nm,泵浦波长为 1528nm 和 1565nm 时的微波信号波形如图 3-12 中的频谱图所示。

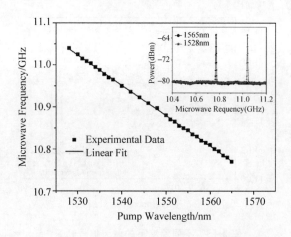

图 3-12　不同泵浦作用下的频率及低频频谱图

温度和应力的改变将会引起光纤折射率和声波速度的变化,最终导致布里渊频移的改变,布里渊频移和温度与应力的变化关系如式(3-22)所示。

$$\nu_B(T,\varepsilon) = \nu_B(T_r,\varepsilon_r) + C_T(T-T_r) + C_\varepsilon(\varepsilon-\varepsilon_r) \qquad (3\text{-}22)$$

式中,T_r、ε_r 分别为光纤中的参考温度和应力,C_T 和 C_ε 分别为布里渊温度和应力系数,从式(3-22)可以看出通过改变光纤的温度和应力可以改变布里渊频移。在实验中,我们仅验证了温度的变化引起布里渊频移改变的方法。但是,我们认为可以通过改变光纤的应力来获得可调谐微波信号的输出。在环境温度为 25℃,泵浦波长为 1528nm 时,测量的微波信号频率和温度的关系如图 3-13 所示,可以看出,随着温度的增加微波信号的频率越大,当温度控制器的温度分别为 25℃ 和 80℃ 时,微波信号的频率分别为 11.041GHz 和 11.093GHz,信号频率和温度的斜率约为 0.94MHz/℃。如果使用更宽温度调谐范围的温度控制器,微波信号的调谐范围可以进一步地增加。

当可调衰减器(VOA1)的损耗比较低时,光纤 SMF1 中能够产生受激布里渊散射,此时的瑞丽散射强度相对比较弱,但是布里渊环形腔激光器仍然可以运行,在这种情况下,通过差频布里渊激光器和可调谐激光器(TLS)就可以获得高频微波信号输出,微波信号频率可以表示为

$$f_{\mathrm{RF}} = \nu_{B1}(T_r) + \nu_{B2}(T_r) + C_{T2}(T-T_r) \qquad (3\text{-}23)$$

其中,$\nu_{B1}(T_r)$、$\nu_{B2}(T_r)$ 分别为单模光纤 SMF1 和 SMF2 在参考温度下的布

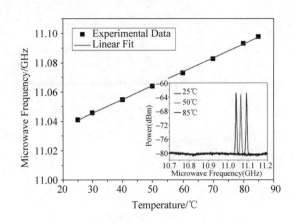

图 3-13　不同温度下的微波信号频率

里渊频移，它们的泵浦频率分别为 f_{TLS}、$f_{TLS}-\nu_{B1}(T_r)$，C_{T2} 为单模光纤 SMF2 的温度系数，从式(3-23)可以看出，输出的微波信号频率包含两个部分，一部分是两个光纤的布里渊频移，另一部分是由温度的改变引起布里渊频移的改变量。

当可调衰减器 VOA1 的损耗比较低时，光纤 SMF1 中就会产生受激布里渊散射，背向散射信号的频率为 $f_{TLS}-\nu_{B1}$，其中 ν_{B1} 为光纤 SMF1 的布里渊频移，此时，从耦合器(Coupler2)输出的布里渊激光器的频率为 $f_{TLS}-\nu_{B1}-\nu_{B2}$，产生的微波信号频率为 $\nu_{B1}+\nu_{B2}$，利用光谱分析仪测量的光谱如图 3-14 所示。从图 3-14 中可以看出，可调谐激光器(TLS)和单模光纤 SMF2 布里渊散射信号之间的波长间隔约为 0.175nm，所以对应的布里渊频移为 21.87GHz(环境温度为 25℃)。在不同泵浦波长下的微波信号频率如图 3-15 所示，从图中可以看出泵浦波长为 1528~1565nm 时，微波信号的频率为 21.525~22.055GHz，信号频率和泵浦波长的斜率为 14.4MHz/nm。

图 3-16 显示的是当泵浦波长为 1528nm，环境温度为 25℃时不同温度对应的可调微波信号频率，从图中可以看出，控制器的温度分别为 25℃和 80℃时的微波信号频率分别为 22.055GHz 和 22.1077GHz，信号的频率和温度的斜率约为 0.94MHz/℃，如果使用更宽调谐范围的温度控制器，微波信号的调谐性可以进一步增加，此外，如果使用更大布里渊频移的光纤，微波信号的频率也可以进一步增加。

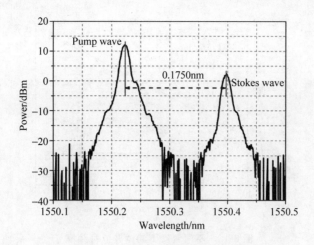

图 3-14 布里渊散射信号的光谱

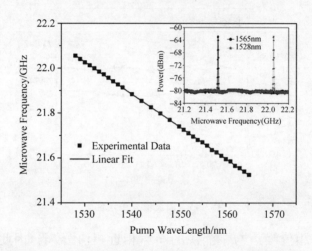

图 3-15 不同泵浦波长下的微波信号频率及信号的频谱图

当可调谐激光器(TLS)的波长为 1550nm,环境温度为 25℃时,低频和高频波段的微波信号稳定性如图 3-17 所示,从图中可以看出,2 小时内的信号波动约为 0.3MHz,这显示了该微波信号具有较高的稳定性,信号的波动大小与文献资料[13]接近,但是,本文中的信号源具有高频和低频两个波段,如果在单模光纤 SMF1 中利用温度控制器控制其温度,可以获得更高频的微波信号。

在实验中,使用的可调谐激光器(TLS)线宽为 100kHz,除了自发布里渊散射外,可调谐激光器的相位噪声是信号的主要噪声源,受激布里渊散射过程是介质的共振及相位匹配引起相位变弱,平均相位噪声趋于 0

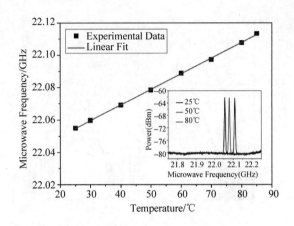

图 3-16   不同温度下的微波信号频率

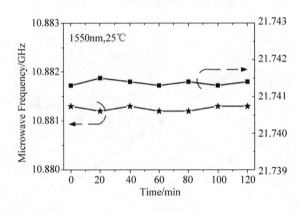

图 3-17   微波信号稳定性

值[24]。声波的相位噪声与泵浦源的噪声相近,且比较弱,因此,产生的微波信号相位噪声较低。此外,微波信号的功率正比于斯托克斯波的功率,所以可以通过调节泵浦源的功率来调节输出微波信号的功率。

3.4   本章小结

在本章中,首先分析了差频检测的基本原理及特点,并讨论平衡光电检测器转换为电信号的电流和噪声性能。其次,提出并实验验证了一种基于受激布里渊散射的高频双带宽可调谐微波信号产生的方法。在该微波信号产生系统中,需要利用温度控制器对增益光纤进行温度控制,因此,设计了一种基于双 PID 控制的温度控制系统。该控制系统的控制芯片采用飞思卡尔 MC9S12XS128MAL 单片机,通过负温度系数热敏电阻进行温度信息的采集,驱动电路采用 BTN7971 芯片驱动 TEC 工作,在软件编程上,通过采用串联 PID 算法,利用闭环负反馈结构实现温度的稳定控制。在实验中,当温度从 26.6℃ 上升到目标温度 40℃ 时,建立稳态的时间为 40s,超调量为 0.1%,与常规 PID 控制系统相比,该系统具有更好的动态性能。在微波信号产生系统中,通过差频布里渊激光器和泵浦获得了微波信号输出,通过调节可调衰减器的损耗、环形腔中增益光纤的温度和泵浦波长,获得了 10.77～11.098GHz 和 21.525～22.114GHz 的双带宽可调谐微波信号,在 2 小时的测量过程中,微波信号的波动约为 0.3MHz,信号展现了较高的稳定性。如果使用调谐范围较宽的温度控制器、较宽调谐范围的泵浦源可以获得较宽调谐范围的微波信号输出。此外,如果使用较大布里渊频移的光纤,微波信号的调谐范围可以进一步展宽。

参考文献

[1] Bakaul M, Nirmalathas A, Lim C. Multifunctional WDM optical interface for millimeter-wave fiber-radio antenna base station[J]. Journal of lightwave technology, 2005, 23(3): 1210-1218.

[2] Masella B, Zhang X. A novel single wavelength balanced system for radio over fiber links[J]. IEEE photonics technology letters, 2006, 18(1): 301-303.

[3] Wu C, Zhang X. Impact of nonlinear distortion in radio over fiber systems with single-sideband and tandem single-sideband subcarrier modulations[J]. Journal of lightwave technology, 2006, 24(5): 2076-2090.

[4] Fernández-Alonso M, Láncis J, Barreiro J C, et al. Millimeter-wave and microwave signal generation by low-bandwidth electro-optic phase modulation [J]. Optics express, 2006, 14(21): 9617-9626.

[5] Qi G, Yao J, Seregelyi J, et al. Generation and distribution of a wide-band continuously tunable millimeter-wave signal with an optical external modulation technique [J]. IEEE Transactions on Microwave Theory and Techniques, 2005, 53(10): 3090-3097.

[6] Lin C T, Peng W R, Peng P C, et al. Simultaneous generation of baseband

and radio signals using only one single-electrode Mach-Zehnder modulator with enhanced linearity[J]. IEEE photonics technology letters，2006，18（23）：2481-2483.

[7] Mohamed M，Zhang X，Hraimel B，et al. Analysis of frequency quadrupling using a single Mach-Zehnder modulator for millimeter-wave generation and distribution over fiber systems［J］. Optics express，2008，16（14）：10786-10802.

[8] Genest J，Chamberland M，Tremblay P，et al. Microwave signals generated by optical heterodyne between injection-locked semiconductor lasers[J]. IEEE Journal of Quantum Electronics，1997，33(6)：989-998.

[9] Shee Y G，Mahdi M A，Al-Mansoori M H，et al. All-optical generation of a 21GHz microwave carrier by incorporating a double-Brillouin frequency shifter ［J］. Optics letters，2010，35(9)：1461-1463.

[10] Sun J，Dai Y，Chen X，et al. Stable dual-wavelength DFB fiber laser with separate resonant cavities and its application in tunable microwave generation ［J］. IEEE photonics technology letters，2006，18(24)：2587-2589.

[11] Wu Z，Shen Q，Zhan L，et al. Optical generation of stable microwave signal using a dual-wavelength Brillouin fiber laser[J]. IEEE Photonics Technology Letters，2010，22(8)：568-570.

[12] Schneider T，Junker M，Lauterbach K U. Theoretical and experimental investigation of Brillouin scattering for the generation of millimeter waves[J]. JOSA B，2006，23(6)：1012-1019.

[13] Wang R，Zhang X，Hu J，et al. Photonic generation of tunable microwave signal using Brillouin fiber laser ［J］. Applied optics，2012，51（8）：1028-1032.

[14] 张旭苹. 全分布式光纤传感技术[M]. 北京：科学出版社，2013.

[15] 余尧，王先全，朱桂林等. 基于 BP 神经网络自整定的 PID 温度控制系统的设计[J]. 电子器件，2015，38（6）：1360-1363.

[16] 宋相龙，蒋书波，袁林成. 智能辊闸系统温度影响问题处理[J]. 电子器件，2015，38(4)：764-768.

[17] 吕飞，高峰，郑桥等. 基于 ADN8831 的温度控制系统在激光器中的应用[J]. 合肥工业大学学报，2011，34(7)：1096-1020.

[18] 左帅，和婷，尧思远. 基于模糊 PID 控制的半导体激光器温控系统[J]. 激光与红外，2014，44(1)：94-97.

[19] 李江澜，石云波，赵鹏飞等. TEC 的高精度半导体激光器温控设计[J]. 红外与激光工程，2014，43(6)：1745-1749.

[20] 夏金宝，刘兆军，张飒飒等. 快速半导体激光器温度控制系统设计[J]. 红外与激

光工程,2015,44(7): 1991-1995.

[21] 戴俊珂,姜海明,钟奇润等.基于自整定模糊 PID 算法的 LD 温度控制系统[J].红外与激光工程,2014,43(10): 3287-3291.

[22] 杨智,段鹏斌.一种基于模糊控制的温度控制器设计[J].工业仪表与自动化装置,2015,(7): 90-93.

[23] 冯晨纯,王珍,江亲瑜.基于模糊 PID 的黏度仪恒温系统实现[J].自动化技术与应用,2015,34(3): 20-24.

[24] 张克玲,钱祥忠.基于模糊控制的电动汽车再生控制系统的研究[J].电子器件,2015,38(4): 876-881.

[25] Debut A, Randoux S, Zemmouri J. Linewidth narrowing in Brillouin lasers: Theoretical analysis[J]. Physical Review A, 2000, 62(2): 023803.

第4章

基于双环结构的布里渊散射效应的
宽带微波信号产生技术

为了获得高质量、宽带宽可调谐的微波信号，本章首先简单介绍光外差法产生微波信号的基本原理。然后，分析基于布里渊散射产生微波信号的机理，并提出利用布里渊散射效应获得可调微波信号的方法。最后，利用第 2 章中获得的布里渊激光器做差频光源，获得高质量的可调谐微波信号。

4.1 光外差法产生微波信号原理

高质量的可调微波信号在雷达、传感和无线通信等领域有着广阔的应用前景。通常情况下，通过电学方法可以实现微波信号的产生，由于电子线路的损耗和电磁干扰等的影响，使得产生的微波信号出现严重的畸变。利用光学技术的优势处理微波信号，可以实现电学方法难以实现的功能。目前，报道的微波信号光学产生方法主要集中在外部调制[1-4]和光学差频[5-10]的方法上。在外部调制方案中，连续光波被强度或者相位调制器调制，获得移频的信号光，更高频率的微波信号通过这些低频微波信号的上变频获得。然而，由于需要高质量的微波源和高速调制器，而且受调制器效率的限制,使得利用调制的方法很难获得高质量的微波信号源。光外差法是将两束波长相近的光波,在光电检测器处差频产生射频信号,产生的射频信号频率由两束光波之间的频率差决定,幅度由两束光波的场矢量内积决定[5]。

　　光外差法产生微波信号的系统结构,如图 4-1 所示[5]。波长分别为 λ_1 和 λ_2 的激光器(LD)发出的激光光束,通过 3dB 耦合器(Coupler)混频后,与光电检测器(PD)连接,通过光电检测器转换为微波信号,该信号被分束器(Splitter)分成两束,一路信号与频谱分析仪(ESA)连接,利用频谱分析仪分析所产生的微波信号性能。为了确保微波信号具有较低的相位噪声,必须控制激光器的相位,所以,从分束器分出的另一路微波信号通过环形控制(Loop Control)装置控制激光器(LD2)的相位。环形控制装置如图 4-1 中的虚线框单元所示,它包括混合器(Mixer)、微波参考源(RF Reference)、放大器(Amplifer)和环形滤波器(Loop Filter)。

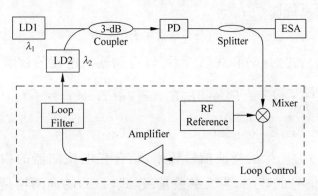

图 4-1　光外差法的原理

　　由图 4-1 可以得出,产生的微波信号频率 f_m 可以表示为

$$f_m = \left| \frac{c}{\lambda_1} - \frac{c}{\lambda_2} \right| \tag{4-1}$$

式中,c 为真空中的光速,若两个激光器发出光波的电场强度 E_1 和 E_2 分别为

$$\begin{cases} E_1(t) = E_1 \cos(2\pi f_1 t + \varphi_1) \\ E_2(t) = E_2 \cos(2\pi f_2 t + \varphi_2) \end{cases} \tag{4-2}$$

式中,f_1 和 f_2 分别为两个光波的频率,φ_1 和 φ_2 分别为两个光波的初相位,两个光波的合场强为 $E(t) = E_1(t) + E_2(t)$,在光电检测器上响应的光功率

理论计算式为

$$P(t) \propto I(t) = [E_1(t) + E_2(t)]^2 \tag{4-3}$$

为了计算方便,可以将光波表达式写成复数的形式

$$\begin{cases} E_1(t) = E_1 e^{j(2\pi f_1 t + \varphi_1)} \\ E_2(t) = E_2 e^{j(2\pi f_2 t + \varphi_2)} \end{cases} \tag{4-4}$$

把式(4-4)代入式(4-3),那么式(4-3)可以改写为

$$P(t) \propto E_1^2 + E_2^2 + E_2 E_1 \{\cos[2\pi(f_1 + f_2)t + (\varphi_1 + \varphi_2)]$$
$$+ \cos[2\pi(f_1 - f_2)t + (\varphi_1 - \varphi_2)]\} \tag{4-5}$$

响应度是光电检测器的一个重要参数,它的单位是 A/W,若光电检测器的响应度为 α,那么 α 可以表示为

$$\alpha = \frac{q\eta}{hf} \tag{4-6}$$

其中,f 是光电检测器接收到的光波中心频率,η 为量子效率,根据光电检测器的输出电流特性[11]:

$$i(t) = \alpha \cdot P(t) \tag{4-7}$$

由式(4-5)、式(4-6)和式(4-7)可以得到输出电流的数学模型为

$$i(t) = \frac{q\eta}{hf} \cdot \{E_1^2 + E_2^2 + 2E_1 E_2 \cos[2\pi(f_1 + f_2)t + (\varphi_1 + \varphi_2)]$$
$$+ 2E_1 E_2 \cos[2\pi(f_1 - f_2)t + (\varphi_1 - \varphi_2)]\} \tag{4-8}$$

其中,$(f_1 - f_2)$ 为产生的微波信号频率,结合光电检测器的物理过程分析,f_1、f_2 都是光信号的频率,为太赫兹量级,式(4-8)的前两项是光谱响应项,它们表示两个直流分量。后两项和前两项有本质的不同,后两项是光功率的时变响应,与检测器的频率响应相关,不再是光谱响应。由于 $(f_1 + f_2)$ 的频率太高,光电检测器不发生响应。差频项 $(f_1 - f_2)$ 相对于 $(f_1 + f_2)$ 来说为缓慢变化的功率分量,只要差频项 $(f_1 - f_2)$ 的频率小于光电检测器的截止响应频率 f_c,光电检测器上就有响应的输出光电流。结合数学运算与上述物理过程考虑,光电检测器输出的电流可以表示为

$$i(t) = \frac{q\eta}{hf} \cdot \{E_1^2 + E_2^2 + 2E_1 E_2 \cos[2\pi(f_1 - f_2)t + (\varphi_1 - \varphi_2)]\} \tag{4-9}$$

根据光电检测器的等效电路,产生的微波信号的电压特性可以表示为

$$V(t) = R \times i(t) \tag{4-10}$$

其中，R 为光电检测器的等效电阻，从式（4-10）可以看出，微波信号的电压与电流的变化成正比，若忽略直流分量只讨论交流分量，产生微波信号的电压特性为

$$V(t) \propto i(t) = \frac{2q\eta}{hf}E_1E_2\cos[2\pi(f_1-f_2)t+(\varphi_1-\varphi_2)] \quad (4\text{-}11)$$

由于光电检测器的截止频率远远低于光频，输出的电流可以看作是相当长一段时间内的积分平均值，表示为

$$\bar{i} \propto \frac{1}{T}\cdot\frac{2q\eta}{hf}\int_0^T E_1E_2\cos[2\pi(f_1-f_2)t+(\varphi_1-\varphi_2)]\mathrm{d}t$$

$$= \frac{2q\eta}{hf}\cdot\frac{E_1E_2}{\pi T(f_1-f_2)}\{\sin[2\pi(f_1-f_2)T+(\varphi_1-\varphi_2)]-\sin(\varphi_1-\varphi_2)\}$$

$$= \frac{2q\eta}{hf}\cdot\sin[2\pi(f_1-f_2)T+(\varphi_1-\varphi_2)] \quad (4\text{-}12)$$

根据能量与电压、电流间的关系，可以看到输出的微波信号能量在固定时间 T 内的平均值为常数。从式（4-12）可以看出，信号受两束激光的相位差 $(\varphi_1-\varphi_2)$ 影响。如果激光光源是不相干的光源，那么相位的差异将导致产生的微波信号具有较高的相位噪声[5]，所以，在图 4-1 中使用环形控制器单元控制激光器的相位。为了抑制这些相位噪声，通常使用相位锁相环[5,6]，另外，还可以利用多波长激光光源的方法产生低噪声的微波信号源[7]。目前，利用同一个布里渊泵浦源产生不同波长的布里渊激光器，再通过不同波长的布里渊激光器差频，同样可以获得高质量的微波信号[8-10]。

4.2　基于布里渊散射的可调微波信号产生机理

由第 2 章中的光纤布里渊散射原理可知，光纤中的布里渊频移与光纤的折射率以及声波速度呈正比，与泵浦波长呈反比。当光纤受到温度与应力变化时，引起了光纤折射率和声波速度的变化，进而引起光纤布里渊频移的改变，光纤的布里渊频移与光纤上的温度和应力变化呈线性关系，可以表示为

$$f_B(T, \varepsilon) = f_B(T_r, \varepsilon_r) + C_T(T - T_r) + C_\varepsilon(\varepsilon - \varepsilon_r) \qquad (4\text{-}13)$$

式中，T_r、ε_r 分别是光纤上的参考温度与应力，T、ε 分别是变化后的温度与应力，C_T、C_ε 是光纤布里渊温度和应力的变化系数。在普通单模光纤中，当泵浦光的波长为 1550nm 时，温度与应力变化系数的典型值分别约为 $1.0\text{MHz}/{}^{\circ}\text{C}$ 和 $500\text{MHz}/\%^{[12,13]}$。从式（4-13）可以看出，当光纤的温度或者应力发生改变时，布里渊频移都将发生改变，也就是说，既可以利用温度的改变来获得可调微波信号，又可以通过控制应力的变化来获得可调微波信号。

在利用光学差频技术获得微波信号的方法中，需要两个信号源做差频，为此，我们提出了使用两个级联环形腔结构获得两束相干光源的方法，为了获得可调谐微波信号，我们提出了在一个环形腔中利用温度控制器或者应力控制器改变光纤布里渊频移去获得微波信号的方法。由于条件的限制，本节仅利用温度变化实现可调谐微波信号的产生，但是认为在环形腔中控制光纤上的应力同样可以实现可调谐微波信号的产生。

在两个级联的光纤环形腔中，其中一个环形腔中的布里渊增益光纤不受温度和应力变化的影响，另外一个环形腔中的布里渊增益光纤受温度控制器控制，这样，它们的布里渊频移可以分别表示为

$$\begin{cases} f_{B1}(T_1) = f_{B1}(T_r) + C_{T1}(T_1 - T_r) \\ f_{B2}(T_2) = f_{B2}(T_r) + C_{T2}(T_2 - T_r) \end{cases} \qquad (4\text{-}14)$$

式中，T_1 和 T_2 分别是第一个环形腔和第二个环形腔中增益光纤的温度，当两个布里渊激光器在光电检测器上进行差频时，产生的微波信号频率可以表示为

$$f_{\text{RF}} = |f_{B1}(T_1) - f_{B2}(T_2)| \qquad (4\text{-}15)$$

由式（4-14）和式（4-15）可以得出，输出的微波信号频率可以表示为

$$f_{\text{RF}} = |f_{B2}(T_r) - f_{B1}(T_r) + C_{T2}(T_2 - T_r)| \qquad (4\text{-}16)$$

从式（4-16）可以看出，微波信号的频率包含两个部分，其中第一部分是两个环形腔中的布里渊增益光纤固有的频移间隔，第二部分就是通过调节温度的变化所引起布里渊频移的改变量。所以在实际应用中，选取合适的布里渊频移间隔的光纤作为布里渊增益介质，再通过调节其中一个环形腔的温度来调节微波信号的频率，以达到所需的信号。

4.3　基于布里渊激光器的可调谐微波信号产生方法

4.3.1　实验系统

　　基于布里渊激光器的可调谐微波信号产生的实验装置,如图 4-2 所示。窄线宽可调谐激光器(TLS)输出的光首先被高功率掺铒光纤放大器(EDFA)放大后作为布里渊激光器的泵浦源,该布里渊泵浦光进入环形器(OC)的第一个端口,从第二个端口输出到两个级联的环形腔中。第一个环形腔包括偏振控制器(PC1)、光隔离器(ISO)、单模光纤(SMF1)、可变光衰减器(VOA)和一个 50∶50 的光耦合器(Coupler1)。第二个环形腔包括偏振控制器(PC2)、光隔离器(ISO2)、单模光纤(SMF2)和一个 80∶20 的光耦合器(Coupler2)。在这两个环形腔中,布里渊泵浦和背向散射信号的传输方向分别是逆时针和顺时针方向。为了确保在环形腔中只有一阶斯托克斯波产生,每个腔中都使用光隔离器,其传输方向与一阶斯托克斯波的传输方向一致。第一个环形腔中的可变光衰减器(VOA)是为了调节第

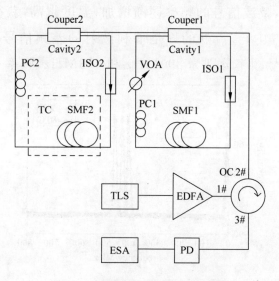

图 4-2　可调微波信号的实验装置

一个腔中的布里渊泵浦光功率,以便在第一个腔中产生受激布里渊散射或者仅产生瑞利散射。从耦合器(Coupler2)的 80% 端口输出的光与耦合器(Coupler1)输出端的光在光电检测器(PD)上进行差频检测后获得微波信号。为了获得可调谐微波信号,在第二个环形腔中,使用温度控制器对光纤 SMF2 的温度进行控制。通过频谱分析仪(ESA)对获得的微波信号进行测量和分析。

4.3.2 实验结果与分析

微波信号是一定频率的电磁波,它的频率为 300MHz～300GHz。考虑到实验条件的限制,在实验中选取的两个环形腔激光器中增益光纤的布里渊频移间隔为 390MHz,也可以根据实际需要选取合适的布里渊频移间隔的光纤。通过调节掺铒光纤放大器(EDFA)的输出光功率、偏振控制器(PC)和可调衰减器(VOA)的损耗,在两个环形腔中可以产生稳定的受激布里渊散射。其中,环形腔激光器的性能与第 3 章中实验获得的布里渊激光器的性能相同。通过调节第二个环形腔中温度控制器的温度,就可以获得稳定的可调谐微波信号,在不同温度下,获得的低频微波信号波形如图 4-3 所示,而不同温度的微波信号频率如图 4-4 所示。从图中可以看出,随着温度的增加,微波信号的频率逐渐增加,温度越高,获得的微波信号频率越高。在图 4-3 中,直流处的峰是瑞利散射的差频信号,温度在 25℃ 和 80℃时的微波信号频率分别为 390MHz 和 453MHz,频率与温度的斜率约

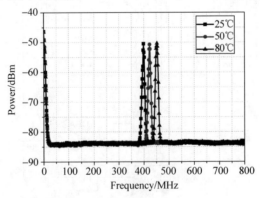

图 4-3 低频微波信号谱形

为1.0MHz/℃,这个斜率与布里渊温度系数符合[14]。

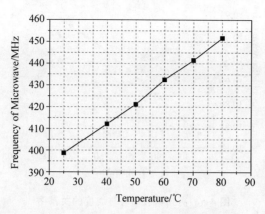

图 4-4　低频微波信号与温度的关系图

　　为了获得高频微波信号,我们增加第一个环形腔中可调谐衰减器的损耗,使得在该环形腔中只产生瑞利散射,不出现受激布里渊散射,而在第二个环形腔中仍然产生受激布里渊散射。在这种情况下,两个用于差频的信号光分别是第一个腔中的瑞利散射和第二个腔中的受激布里渊散射,获得的微波信号波形如图 4-5 所示,微波信号频率与温度的关系如图 4-6 所示,从图中可以看出,温度在 25℃ 和 80℃ 时的微波信号频率分别为10.876GHz 和10.933GHz,微波信号频率的斜率约为 1.0MHz/℃,这与低频微波信号的频率斜率一致。在实验中,由于缺乏更高的温度控制器,所以我们只测量了最高温度在 80℃ 时的微波信号频率,但是我们认为利用该种方法获得的微波信号在更高温度下会有相似的结果。

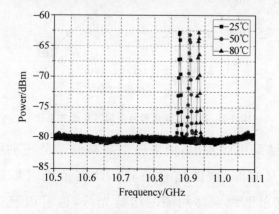

图 4-5　高频微波信号的谱形

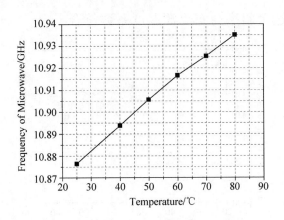

图 4-6　高频微波信号与温度的关系图

　　获得的高频微波信号是第一个环形腔中瑞利散射信号和第二环形腔中受激布里渊散射信号的差频,再结合式(2-16)可知,此时的微波信号频率与泵浦光的波长呈反比,因此改变泵浦光的波长可以调节输出微波信号的频率。获得的微波信号与泵浦光波长的变化关系如图 4-7 所示。从图 4-7 可以看出,随着泵浦光波长的增加,微波信号的频率逐渐减小,当泵浦波长从 1530nm 调节到 1560nm 时,获得的微波信号频率从 11.075GHz 变化到 10.863GHz。

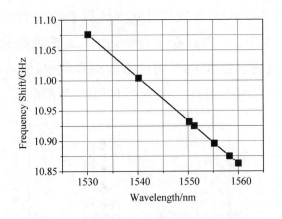

图 4-7　高频微波信号与泵浦波长的关系图

　　从上面实验结果可以看出,如果使用更高调谐范围的温度控制器或者更宽调谐范围的泵浦源,微波信号的频率调谐范围可以进一步增加。此外,如果选择更宽布里渊频移间隔的增益光纤,也可以获得更宽调谐范围的微波信号。所以在实际的应用中,选择适当布里渊频移间隔的增益光纤,再结合温度控制器,便可以获得想要的微波信号。

由于受激布里渊散射的功率随着泵浦功率的增加而增加,所以增加泵浦功率就增加了受激布里渊散射功率,进而增加微波信号的输出功率。这就意味着该可调谐微波信号的输出功率可以通过调节泵浦功率来调节。

为了进一步评估获得的微波信号质量,我们测量了信号的稳定性。温度控制器设定在 $80℃$,每隔 20 分钟测得低频微波信号的频率随时间变化的关系如图 4-8 所示,从图 4-8 可以看出,在 120min 的时间内,微波信号的频率波动约为 0.2MHz,说明微波信号频率具有较好的稳定性。当温度控制器设定在 $80℃$ 时,我们测量了在泵浦波长变化下低频微波信号的频率,测得低频微波信号的频率随波长变化的关系如图 4-9 所示,从图 4-9 可以看出,随着泵浦波长的变化,微波信号的频率趋于稳定的状态,这主要是因为,此时产生的微波信号是两个受激布里渊散射信号的差频信号,当泵浦波长变化时,两个受激布里渊散射的信号波长同时按照相同的范围变化,所以它们之间的差值是一个定值,不会随着泵浦波长的变化而变化。但是从图 4-9 可以看出微波信号的频率出现了约为 0.3MHz 的波动。当温度控制器的温度为 $80℃$ 时,高频微波信号频率随时间的关系如图 4-10 所示,从图 4-10 可以看出,随着时间的变化,信号频率趋于稳定,且信号的频率为 10.933GHz,频率的波动约为 0.2MHz。产生信号频率波动的主要原因是环境温度的波动影响第一个环形腔中光纤温度的变化,进而产生布里渊频移的偏差,另外还有频谱分析仪的分辨率的影响。为了获得更准确的微波信号,可以利用温度控制器控制第一个环形腔中增益光纤的温度。

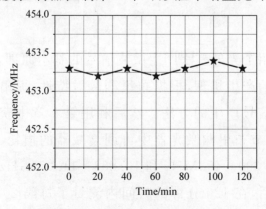

图 4-8　低频微波信号频率与时间的关系图

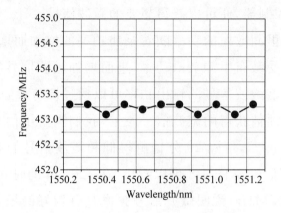

图 4-9 低频微波信号频率与泵浦波长的关系图

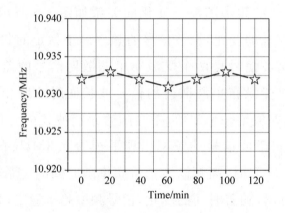

图 4-10 高频微波信号频率与泵浦波长的关系图

4.4 本章小结

　　本章首先介绍了光外差法产生微波信号的基本原理,分析了基于布里渊散射微波信号的产生机理,根据布里渊散射特性,提出了级联环形腔结构的可调谐微波信号产生的方法。然后利用第 3 章中获得的布里渊环形腔激光器,通过调节布里渊激光器中可调衰减器的损耗、光纤的温度以及泵浦波长,获得了 390~453MHz 和 10.863~11.075GHz 两个频段的可调谐微波信号。最后,在 120 分钟的时间内测量了每隔 20 分钟的微波信号频率,两个频段微波信号的频率波动为 0.2MHz,展现了较高的频率稳定

性。如果使用调谐范围较宽的温度控制器、布里渊频移间隔较大的增益光
纤以及调谐范围较大的泵浦源，微波信号的可调谐频率范围可以进一步地
增加。

参考文献

[1]　祝华宁.光电子器件微波封装和测试[M].北京：科学出版社，2007：170-191.

[2]　Company V T，Alonso M F，Lancis J. Millimeter-wave and microwave signal generation by low-bandwidth electro-optic phase modulation [J]. Optics Express，2006，14(21)：9617-9626.

[3]　Lin C T，Peng W R，Peng P C，et al. Simultaneous generation of base band and radio signals using only one single-electrode Mach-Zehnder modulator with enhanced linearity[J]. IEEE Photonics Technology Letters，2006，18(23)：2481-2483.

[4]　Mohamed M，Zhang X，Hraimel B，et al. Analysis of frequency quadrupling using a single Mach-Zehnder modulator for millimeter-wave generation and distribution over fiber systems [J]. Optics Express，2008，16(14)：10786-10802.

[5]　Yao J. Microwave photonics[J]. Journal of Lightwave Technology，2009，27(3)：314-335.

[6]　Brunel M，Bretenaker F，Blanc S，et al. High-spectral purity RF beat note generated by a two-frequency solid-state laser in a dual thermooptic and electrooptic phase-locked loop[J]. IEEE Photonics Technology Letters，2004，16(3)：870-872.

[7]　Wake D，Lima C R，Davies P A. Optical generation of millimeter-wave signals for fiber-radio systems using a dual-mode DFB semiconductor laser[J]. IEEE Transactions on Microwave Theory and Techniques，1995，43(9)：2270-2276.

[8]　Gao S，Gao Y，He S. Photonic generation of tunable multi-frequency microwave source[J]. Electronics Letters，2010，46(3)：46-47.

[9]　Zhang H，Liu B，Luo J，et al. Photonic generation of microwave signal using a dual-wavelength single-longitudinal-mode distributed Bragg reflector [J]. Optics Communications，2009，282(20)：4114-4118.

[10]　Sun J，Dai Y，Chen X，et al. Stable dual-wavelength DFB fiber laser with separate resonant cavities and its application in tunable microwave generation

[J]. IEEE Photonics Technology Letters，2006，18(24)：2587-2589.

[11] Djafar K Mynbaev，Lowell L Scheiner. Fiber-Optic Communications Technology（徐公权等译）[M].北京：机械工业出版社，2002，307-320，359-360，369-370，403-417，426-434.

[12] Kurashima T，Tateda M. Thermal effects on the Brillouin frequency shift in jacketed optical silica fibers[J]. Applied Optics，1990，29(15)：2219-2222.

[13] Nikles M，Thevenaz L，Robert P A. Brillouin gain spectrum characterization in single mode optical fibers[J]. Journal of Lightwave Technology，1997，15(10)：1842-1851.

[14] Goldblattn. Stimulated Brillouin scattering[J]. Applied Optics，1969，8(8)：1559-1566.

第5章

基于多波长布里渊激光器的
可调谐微波信号产生技术

多波长布里渊激光器具有严格的波长间隔、较窄线宽和较高稳定性等特点,在光学传感、密集波分复用以及微波光子学等领域有较好的应用前景,是近些年的研究热点。研究人员对多波长布里渊激光器的产生及应用等做了大量的研究,并且取得了较好的成果[1-13]。目前,该类激光器的研究主要集中在基于半导体光放大器和掺铒光纤激光器的多波长布里渊激光器等方法上,具体方案包括基于半导体光放大器[12]、Sagnac 环[7-9]、双 S 结构的环形腔[10]和双向反馈环[13]等结构的多波长光纤激光器。然而,在这些获得多波长布里渊激光器的方法中,由于多波长激光器的调谐范围较窄及成本较高等缺点,限制了其在无线通信系统等中的应用。随着信息技术的快速发展,各种器件都在向小型化和高度集成化方向发展,而信号源又是全光通信系统中最重要的核心器件,为了满足高度集成化的系统要求,必须设计出相应的宽带可调谐载波等信号源,才能适应目前信息系统的发展要求。当光纤中发生布里渊散射效应时,若布里渊散射的泵浦光与相向传输的信号光频率差恰好为布里渊频移,相向入射的信号光将发生受激布里渊散射放大效应[14-23]。为了获得高稳定、低成本的可调谐多波长布里渊激光器,并获得高频可调谐微波信号,本章从受激布里渊散射效应的耦合波方程出发,对光纤中受激布里渊散射放大效应进行研究;提出一种新型的基于受激布里渊散射放大效应的可调谐多波长布里渊激光器的方法；首先设计单频布里渊激光器，结合受激布里渊散射放大效应，研究宽带可调谐多波长布里渊激光器的信号产生方法；其次，在获得多波长单纵模布里渊激光器的基础上，通过差频多波长布里渊激光器的瑞利散射和斯托克斯波信号，获得高质量的高频微波信号。

5.1　受激布里渊散射放大效应理论分析

受激布里渊散射（SBS）可以理解为两束相向传播的光（泵浦光、斯托克斯光）在光纤中的相互作用。如果布里渊泵浦光和斯托克斯光之间满足谐振条件 $\nu_p = \nu_s + \nu_B$，就会产生受激布里渊声波场，其中 ν_p 为泵浦光频率，ν_s 为斯托克斯光频率，ν_B 为光纤中的布里渊频移。理论上可以用麦克斯韦方程和纳维-斯托克斯方程描述 SBS 过程。若斯托克斯光沿着 $+Z$ 方向传输，而布里渊泵浦光沿 $-Z$ 方向传输，忽略光场的横向分布及利用缓慢变化振幅近似（SVEA），SBS 过程中泵浦光、斯托克斯光和声波的三波耦合方程可以描述为[23-26]

$$-\frac{\partial E_p}{\partial z} + \frac{n_{fg}}{c}\frac{\partial E_p}{\partial t} = -\frac{\alpha}{2}E_p + ig_2 E_s\rho \tag{5-1a}$$

$$\frac{\partial E_s}{\partial z} + \frac{n_{fg}}{c}\frac{\partial E_s}{\partial t} = -\frac{\alpha}{2}E_s + ig_2 E_p\rho^* \tag{5-1b}$$

$$\frac{\partial \rho}{\partial t} + \left(\frac{\Gamma_B}{2} - i\Delta\omega\right)\rho = i\frac{g_1}{\eta}E_p E_s^* \tag{5-1c}$$

式中，E_p、E_s 和 ρ 分别是泵浦光、斯托克斯光和声波的复振幅，n_{fg} 是光纤的群折射率，α 是光纤的损耗系数，$\gamma = \Gamma_B/2\pi$ 是布里渊增益谱带宽，$\Delta\omega = \omega_{p0} - \omega_{s0} - \Omega_B$ 是偏离布里渊增益谱中心（ω_{s0}）的失谐量，Ω_B 是布里渊散射的角频移，ω_{p0}、ω_{s0} 是泵浦光和斯托克斯光的中心频率，$g_1 = \gamma_e\varepsilon_0\Omega_B/(4V_a^2)$，$g_2 = \gamma_e\omega_{p0}/(4cn_f\rho_0)$，$\eta = cn_f\varepsilon_0/2$，$\gamma_e$ 是光纤中的电致伸缩系数，ε_0 是真空中的电导率，n_f 为光纤的相折射率，ρ_0 是材料的密度，V_a 为声波的速度，忽略泵浦光的损耗，对于弱的斯托克斯光场，方程式（5-1）可以简化为

$$\frac{\partial E_s}{\partial z} + \frac{n_{fg}}{c}\frac{\partial E_s}{\partial t} = ig_2 E_p \rho^* \qquad (5\text{-}2a)$$

$$\frac{\partial \rho^*}{\partial t} + \left(\frac{\Gamma_B}{2} + i\Delta\omega\right)\rho^* = -i\frac{g_1}{\eta}E_s E_p^* \qquad (5\text{-}2b)$$

为了推导 SBS 信号速度控制系统中的稳态小信号情况下的解析解,将上述耦合方程从时域变换到频域。经过傅里叶变换,$\partial E_s/\partial t \leftrightarrow i(\omega_{s0} - \omega)$ $\widetilde{E}_s$,$\partial \rho^*/\partial t \leftrightarrow i(\omega_{s0} - \omega)\bar{\rho}^*$,把方程式 5-2(a) 和方程式 5-2(b) 变换到频域上,可以得出

$$\frac{\partial \widetilde{E}_s}{\partial z} - i(\omega - \omega_{s0})\frac{n_{fg}}{c}\widetilde{E}_s = ig_2 E_p \bar{\rho}^* \qquad (5\text{-}3a)$$

$$\left[\frac{\Gamma_B}{2} - i(\omega - \omega_{p0} + \Omega_B)\right]\bar{\rho}^* = -i\frac{g_1}{\eta}\widetilde{E}_s E_p^* \qquad (5\text{-}3b)$$

式中,$\widetilde{E}_s$ 和 $\bar{\rho}^*$ 分别是 E_s 和 ρ^* 的傅里叶变换,由方程(5-3a)和方程(5-3b)消掉 ρ^*,即得到频域斯托克斯光方程

$$\frac{\partial \widetilde{E}_s}{\partial z} = i(\omega - \omega_{s0})\frac{n_{fg}}{c}\widetilde{E}_s + \frac{\dfrac{2g_1 g_2}{\eta\Gamma_B}|E_p|^2}{1 - i2\delta\omega/\Gamma_B}\widetilde{E}_s \qquad (5\text{-}4a)$$

$$\frac{\partial \widetilde{E}_s}{\partial z} = \left[i(\omega - \omega_{s0})\frac{n_{fg}}{c} + \frac{g_0 I_p/2}{1 - i2\delta\omega/\Gamma_B}\right]\widetilde{E}_s \qquad (5\text{-}4b)$$

式中,$g_0 = 4g_1 g_2/(\eta\Gamma_B)$ 是增益因子,$\delta\omega = \omega - \omega_{p0} + \Omega_B$,$I_p$ 是泵浦光强度。在频域上,考虑沿 $+Z$ 方向传输的斯托克斯光,则有

$$\frac{\partial \widetilde{E}_s}{\partial z} = i[k_s(\omega) - k_s(\omega_{s0})]\widetilde{E}_s \qquad (5\text{-}5)$$

由方程(5-4b)和方程(5-5)可以得出

$$k_s(\omega) - k_s(\omega_{s0}) = \omega\frac{n_{fg}}{c} - i\frac{g_0 I_p/2}{1 - i2\delta\omega/\Gamma_B} - \omega_{s0}\frac{n_{fg}}{c} \qquad (5\text{-}6)$$

由方程(5-6)可以得出

$$k_s(\omega) = \omega\frac{n_f}{c} - i\frac{g_0 I_p/2}{1 - i2\delta\omega/\Gamma_B} \equiv \tilde{n}_s\frac{\omega}{c} \qquad (5\text{-}7)$$

根据方程(5-7),斯托克斯波的有效复折射率可以表示为

$$\tilde{n}_s = n_{fg} - i\frac{c}{2\omega}\frac{g_0 I_p}{1 - i2\delta\omega/\Gamma_B} \qquad (5\text{-}8)$$

  光通信系统中,传输信息的载体是一系列的光脉冲,每一个光脉冲都可以看作由多个单色平面波叠加构成的一个波包络。单色平面波在光纤中的传播速度为相速度,而波包络在光纤中传播时,组成包络的每一个平面波的相速度不同,定义波包络中心的传播速度为群速度。从方程(5-8)可以看出斯托克斯波经历了洛伦兹型共振谱的增益与色散,复折射率的实部为斯托克斯波的折射率 $n_s = \mathrm{Re}(\tilde{n}_s)$,复折射率的虚部与斯托克斯的增益系数有关,$g_s = -2(\omega/c)\mathrm{Im}(\tilde{n}_s)$,群折射率 $n_g = n_s + \omega(\mathrm{d}n_s/\mathrm{d}\omega)$,若光纤的长度为 L,斯托克斯波的增益、折射率和群折射率可以表示为

$$g_s(\omega) = \frac{g_0 I_p}{1 + 4\delta\omega^2/\Gamma_B^2} \tag{5-9a}$$

$$n_s(\omega) = n_{fg} + \frac{cg_0 I_p}{\omega}\frac{\delta\omega\Gamma_B}{1 + 4\delta\omega^2/\Gamma_B^2} \tag{5-9b}$$

$$n_g(\omega) = n_{fg} + \frac{cg_0 I_p}{\Gamma_B}\frac{1 - 4\delta\omega^2/\Gamma_B^2}{(1 + 4\delta\omega^2/\Gamma_B^2)^2} \tag{5-9c}$$

通过化简,方程(5-9)可以进一步改写为

$$\frac{g_s(\omega)}{I_p g_0} = \frac{1}{1 + 4\delta\omega^2/\Gamma_B^2} \tag{5-10a}$$

$$\frac{(n_s(\omega) - n_{fg})\omega}{I_p c g_0} = \frac{\delta\omega/\Gamma_B}{1 + 4\delta\omega^2/\Gamma_B^2} \tag{5-10b}$$

$$\frac{(n_g(\omega) - n_{fg})\Gamma_B}{I_p c g_0} = \frac{1 - 4\delta\omega^2/\Gamma_B^2}{(1 + 4\delta\omega^2/\Gamma_B^2)^2} \tag{5-10c}$$

  若光纤的长度 $L=24\mathrm{km}$,泵浦光的波长 $\lambda=1550\mathrm{nm}$,光纤的折射率 $n_{fg}=1.45$,光纤的有效面积 $A_{\mathrm{eff}}=50\mu\mathrm{m}^2$,布里渊增益系数 $g_0 = 5\times 10^{-11}\mathrm{m/W}$,布里渊增益谱的带宽 $\Gamma_B/(2\pi)=35\mathrm{MHz}$ 及光纤的损耗 $\alpha=0.2\mathrm{dB/km}$,则可以得出斯托克斯光的归一化增益、相对折射率和群折射率,分别如图 5-1、图 5-2 和图 5-3 所示。从图 5-1 可以看出,当频率的失谐量为 0 时,布里渊增益最大,随着失谐量的增加,信号的增益逐渐减小。当信号光的频率与布里渊泵浦光在光纤中的斯托克斯频率相等时,信号的失谐量为零,此时的布里渊增益最大。

  图 5-2 是相对折射率与频率失谐量的关系图,图 5-3 是群折射率与失谐量的关系图。从图 5-2 中可以看出,相对折射率是一个对称的图形,当

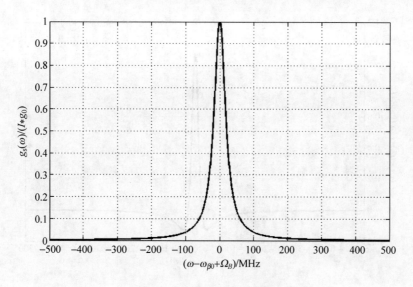

图 5-1　光纤中归一化的增益

失谐量大于 0 时,随着失谐量的增加,相对折射率先增加再逐渐减小。从图 5-3 可以看出,群折射率随着失谐量的变化发生了剧烈的变化,当群折射率(n_g)大于光纤的折射率(n_{fg})时,产生光速减慢的现象,而当群折射率小于光纤的折射率时,产生光速变快的现象。当失谐量为 0 时,群折射率最大,对应的群速度最小,随着失谐量的增加,群折射率先减小再逐渐增加。

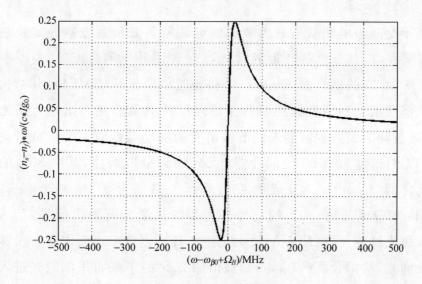

图 5-2　光纤中的相对折射率

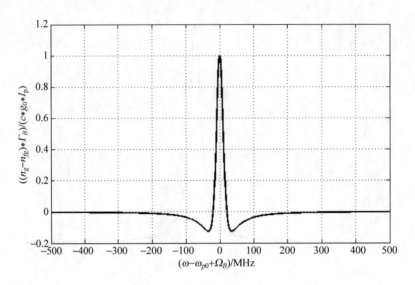

图 5-3　光纤中的群折射率

5.2　基于布里渊散射放大效应的多波长激光器研究

5.2.1　实验结构

　　基于受激布里渊散射放大效应的可调谐多波长激光器的实验装置如图 5-4 所示,其中布里渊环形腔激光器包含了环形器(OC1)、偏振控制器(PC1)、80∶20 的耦合器(Coupler4)和普通单模光纤(SMF1),其结构如图中虚线框所示。利用偏振控制器保持环形腔中泵浦光和斯托克斯光的偏振态,通过调节偏振控制器来调节输出光的功率与线宽。窄线宽可调谐激光器(TLS)通过 20∶80 的耦合器(Coupler1)分成两路,其中 80% 的光被 3dB 耦合器(Coupler2)分成两束信号。一路信号经 30∶70 的耦合器(Coupler3)分成两束,30% 的信号作为多波长激光器输出信号,70% 的信号经掺铒光纤放大器(EDFA)放大后进入环形器(OC1)后作为布里渊激光器的泵浦光,从耦合器(Coupler4)输出的 20% 的单频布里渊激光进入普通单模光纤(SMF2),在 SMF2 中该信号光被布里渊散射效应放大后经环形器(OC2)的 3♯ 端口进入耦合器(Coupler2)的输入端。从耦合器(Coupler2)输出的另一路信号作为普通单模光纤 SMF2 中布里渊散射的泵浦信号,该泵浦信号经隔离器(ISO)、偏振控制器(PC2)和环形器(OC2)后进入 SMF2 中,产生的背向布里渊散射信号与单频布里渊激光同向,并放大单频布里渊激光信号,为了保证两束光的频率相同,在实验中,SMF1 和 SMF2 为相同光纤且同时被温度控制器(TC)控制温度。从耦合器(Coupler1)20%的端口分出的信号与耦合器(Coupler3)30%端口输出的布里渊激光共同进入 50:50 的耦合器(Coupler5)做差频检测,通过光谱分析仪(OSA)测量光谱,光电检测器(PD)把光信号转换为电信号,利用电谱分析仪(ESA)测量信号的电谱特性。

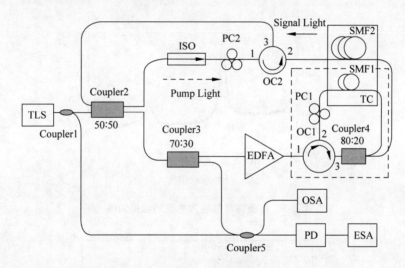

图 5-4 实验装置

5.2.2 实验结果与分析

从方程(5-9)可以看出,当信号光的频率等于泵浦光的频率时,信号光的增益达到最大。因此,在实验中,普通单模光纤 SMF1 和 SMF2 是相同的光纤,即布里渊频移相同,两束光纤被同一个温度控制器控制温度,这样就能保证信号光和泵浦光具有相同的频率,使得信号光达到最大的增益特性。再通过耦合器 Coupler2 的循环泵浦,就可以获得多波长激光器。

测量的布里渊环形腔激光器的纵模间隔如图 5-5 所示,其纵模间隔约为 19MHz,这样的纵模间隔可以使该激光器在单纵模情况下运转[27-29]。测量的多波长布里渊激光器的光谱如图 5-6 所示,从图中可以看出,瑞丽散射信号等于布里渊泵浦信号,处在图中最左边,依次向右分别为一阶、二阶等多阶斯托克斯信号,图中共有 12 阶斯托克斯信号,相邻斯托克斯信号之间的间隔约为 0.087nm,对应的布里渊频移约为 10.88GHz。各阶斯托克斯信号的波长与阶次的关系如图 5-7 所示,可以看出,泵浦信号的中心波长约为1549.961nm,一阶和十二阶斯托克斯信号波长分别为 1550.046nm 和 1551.001nm,信号波长与阶次呈现线性增加的过程,其斜率约为 0.0867nm/阶,这与相邻斯托克斯信号之间的间隔约为 0.087nm 相符合。

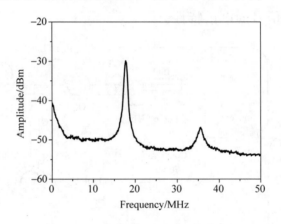

图 5-5　布里渊环形腔激光器的纵模间隔

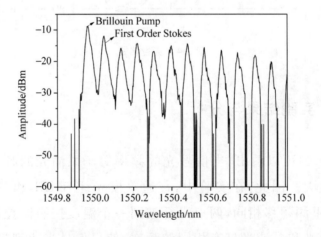

图 5-6　多波长布里渊激光器的光谱

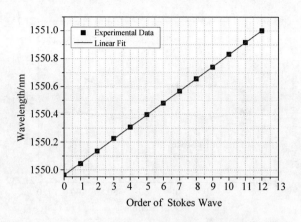

图 5-7　各阶布里渊信号的波长

为了验证该多波长激光器的调谐性,测量了泵浦波长和一阶斯托克斯波的关系,如图 5-8 所示,随着泵浦波长的增加,一阶信号的波长呈线性增加,当泵浦波长为 1530nm 和 1565nm 时,一阶斯托克斯波长分别为 1530.087nm 和 1565.085nm,其斜率约为 1,由此可以看出,该多波长激光器具有较高的调谐性。由于实验室中光谱分析仪的精度低于频谱分析仪,所以为了测量其稳定性,利用差频技术测量了一阶和二阶斯托克斯信号的频谱稳定性,设定温度控制器的温度为 25℃,泵浦波长为 1550nm 时,间隔 20 分钟测量的频率信号如图 5-9 所示,从图 5-9 可以看出,在 2 小时内信号的波动约为0.2MHz,这显示了较好的稳定性[27]。

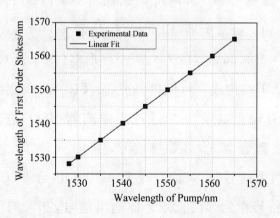

图 5-8　一阶斯托克斯信号与泵浦波长的关系

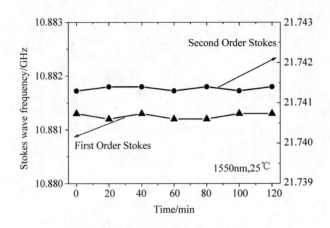

图 5-9   斯托克斯信号频率稳定性

5.3   基于多波长布里渊激光器的微波信号产生研究

5.3.1   实验装置

多波长布里渊激光器微波信号产生装置如图 5-10 所示,其中多波长激光器如图 5-10 中虚线框所示,由可调谐激光器(TLS)、两个偏振控制器(PC1 和 PC2)、掺铒光纤放大器(EDFA)、耦合器 1(50∶50)、耦合器 2(70∶30)、耦合器 3(80∶20)、隔离器(ISO)、两个环形器(OC1 及 OC2)和两个单模光纤(SMF1 及 SMF2)构成。可调谐激光器(TLS)的线宽约为 200kHz,可调谐激光器(TLS)输出的信号光通过光隔离器(ISO)进入 2×2 耦合器(Coupler1),经该耦合器分成两路信号,其中一路 50%的光被耦合器(Coupler2)分成两束信号,一束信号经 30∶70 的耦合器(Coupler3)分成两束,其中,30%的信号作为多波长激光器输出信号,70%的信号经掺铒光纤放大器(EDFA)放大后进入环形器(OC1)后作为布里渊激光器的泵浦光,从耦合器(Coupler3)输出的 20%的单频布里渊激光进入普通单模光纤(SMF2),在 SMF2 中该信号光被布里渊散射效应放大后经环形器(OC2)

的 3♯端口进入耦合器(Coupler1)的输入端。从耦合器(Coupler1)输出的
另一路信号作为普通单模光纤 SMF2 中布里渊散射的泵浦信号,经偏振控
制器(PC2)和环形器 OC2 后进入 SMF2 中,在 SMF2 中产生的背向布里渊
散射信号与单频布里渊激光同向,当单频布里渊激光信号频率和 SMF2 中
的背向布里渊散射信号频率相同时,单频布里渊激光器的信号将会被放
大,为了保证两束光的频率相同,在实验中,SMF1 和 SMF2 为相同光纤且
同时被温度控制器(TC)控制温度。从耦合器(Coupler2)30％的端口分出
的多波长激光信号经 3dB 耦合器(Coupler4)分出两束信号,一束信号经
Bragg 光栅滤波器后进入 3dB 耦合器(Coupler5),从耦合器(Coupler4)输
出的另一束信号经可调谐滤波器(OCTF)后进入 3dB 耦合器(Coupler5),
两束信号在该耦合器上混合后输出,通过光电检测器(PD)把光信号转换
为电信号,利用电谱分析仪(ESA)测量信号的电谱特性。

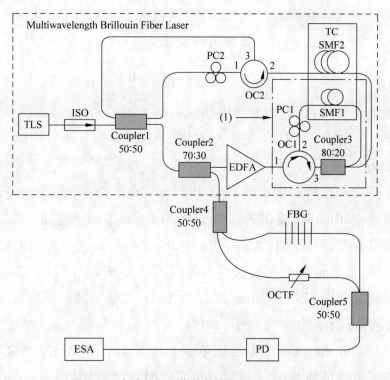

图 5-10　多波长布里渊激光器微波信号产生装置

5.3.2　结果与分析

在单频布里渊激光器中(见图 5-10 中虚线框),布里渊泵浦信号和布里渊散射信号的传输方向分别为顺时针方向和逆时针方向。布里渊激光器的模式间隔由环形腔激光器的腔长决定,通过直接检测技术获得的环形腔激光器的模式如图 5-5 所示,从图中可以清晰地看出,该信号的纵模间隔约为 19MHz,两个模式间的消光比为 18dB,由于模式竞争的存在使得该纵模间隔下的激光器可以有效地运转在单纵模激光的模式[30]。实验中,单模光纤 SMF1 和 SMF2 是相同性质的光纤,在相同条件下它们的布里渊频移是相同的,从耦合器(Coupler3)20%端口输出的布里渊激光信号的波长等于单模光纤 SMF2 中的背向布里渊散射信号的波长,而且信号的传输方向相同,根据前面章节的理论分析可以看出,环形腔激光器的输出信号在单模光纤 SMF2 中能够被放大,由于信号逐渐被放大,因此可以获得多阶放大的 Stokes 信号。光纤的有效长度可以表示为

$$L_{\text{eff}} = \frac{1}{\alpha}\big[1 - \exp(-\alpha L)\big] \tag{5-11}$$

其中,α 为光纤的损耗,约为 0.2dB/km,L 为光纤的长度。从式(5-11)可以计算出光纤的最大有效作用长度为 21km,因此,在实验中选用的 SMF1 的长度为 21km。

当可调谐激光器的中心波长为 1550nm,输出功率为 1dBm,EDFA 的输出功率为 30dBm 时,输出的多波长布里渊激光器的谱线如图 5-11 所示,从图中可以看出,泵浦波长为 1549.961nm,这与可调谐激光器的输出波长有一点差异,主要是由于光谱仪精度的因素的影响,一阶和十二阶斯托克斯信号波长分别为 1550.046nm 和 1551.001nm,信号波长与阶次呈现线性增加的过程,其斜率约为 0.0867nm/阶,这与相邻斯托克斯信号之间的间隔约为 0.087nm 相符合,如果增加单模光纤 SMF2 中的布里渊泵浦功率,可以获得更多数量的 Stokes 谱线。在实验中,我们利用了 Bragg 光栅和光通道可调滤波器来选择所需要的 Stokes 信号,通过信号的差频获得所需要的微波信号输出。利用宽带光源测量的光通道滤波器的输出光谱如

图 5-12 所示，从图中可以看出，该滤波器的中心波长可以从 1549.66~
1550.08nm 调节，因此，滤波器可以用作该系统的波长选择器。

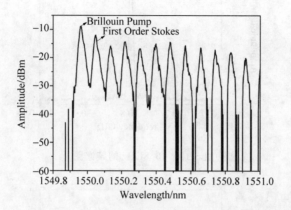

图 5-11 多波长布里渊激光器的光谱

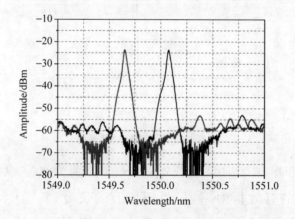

图 5-12 OCTF 的输出谱

Bragg 光栅的中心波长为 1549.96nm，等于布里渊泵浦信号的中心波
长，调节光通道可调滤波器的波长，输出的微波信号通过电谱分析仪进行
分析，获得微波信号如图 5-13 和图 5-14 所示，从图中可以看出，信号的中
心频率分别为 10.8GHz 和 21.6GHz，由于光电检测器和电谱分析仪的带
宽限制，只测量了 21.6GHz 的微波信号，但是我们相信，使用更高频率的
检测器和频谱分析仪可以获得更高频率的微波信号输出。在布里渊环形
腔激光器中，环形腔的反馈和声波阻尼的综合影响将会使布里渊散射谱线
变窄，那么环形腔布里渊激光器的线宽可以表示为[30]

$$\Delta f_{\text{Stokes}} = \frac{\Delta f_{\text{pump}} (c \ln R)^2}{(c \ln R - nL \pi \Delta \nu_B)^2} \tag{5-12}$$

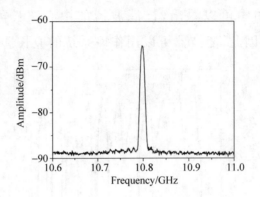

图 5-13　10.8GHz 的频谱图

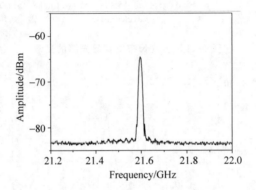

图 5-14　21.6GHz 的频谱图

其中,Δf_{pump} 为布里渊散射泵浦线宽,c、R、n 分别为真空中的光速,环形腔的耦合比,光纤的有效折射率,L 为环形腔的长度,实验中,环形腔的长度约为 11m。从式(5-12)可以计算出环形腔的耦合比和输出布里渊激光器的线宽之间的关系,如图 5-15 所示,从图中可以看出,随着环形腔耦合比的增加,布里渊激光器的线宽先减小在逐渐增加,拐点的位置是在耦合比为 1 处,由于耦合比一般小于 1,因此,可以通过增加环形腔激光器的耦合比来降低布里渊激光器的线宽,此外,在环形腔中,放大的自发辐射噪声是比较低的,因此可以获得窄线宽环形腔激光器。

布里渊频移可以表示为[31]

$$\nu_B = \frac{2n V_a}{\lambda_B} \tag{5-13}$$

从式(5-13)可以看出,布里渊频移适合泵浦波长成反比,测量的基于一阶 Stokes 波长的微波信号频率和泵浦波长的关系如图 5-16 所示,从图

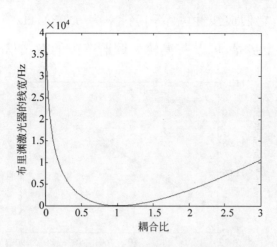

图 5-15　不同耦合比下的布里渊激光器的线宽

中可以看出,随着泵浦波长的增加,微波信号的频率逐渐减小,因此,可以通过调节泵浦波长获得可调谐的微波信号,当泵浦波长从 1565nm 到 1528nm 变化时,输出的微波信号频率从 10.76GHz 到 11.043GHz 变化。

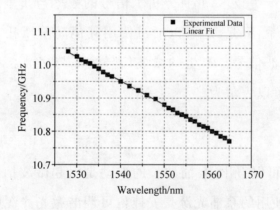

图 5-16　不同泵浦波长下的微波信号频率

当温度变化时,光纤中的折射率和光速都将发生改变,因此,布里渊频移可以表示为[31]

$$\nu_B(T) = \nu_B(T_r) + C_T(T - T_r) \tag{5-14}$$

式中,T_r 和 C_T 分别为参考温度和布里渊频移系数,从式(5-14)可以看出,布里渊频移的大小是与温度的变化成正比,因此可以通过改变温度的大小来获得调谐的微波信号。当泵浦波长为 1528nm 时,获得的微波信号与温度的关系如图 5-17 所示,从图中可以看出,随着温度的增加,获得的微波信号频率逐渐增加,它们成线性关系,其斜率为 $0.93\mathrm{MHz/℃}$,如果使用更宽调谐范围的温度控制器,可以获得较大调谐范围的微波信号。

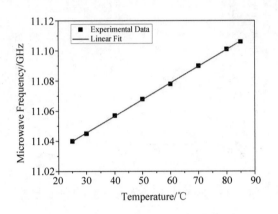

图 5-17　不同温度下的微波信号频率

由于实验条件的限制,在实验中,仅仅实验验证了基于一阶斯托克斯信号的微波信号产生技术,并且分析了信号的频率与布里渊散射的泵浦波长以及温度的关系,但是,还可以通过使用其他高阶斯托克斯信号进行差频获得可调谐微波信号。产生的微波信号频率与多波长布里渊激光器的多阶频移有关,可以表示为

$$f_{\mathrm{RF}} = N\nu_B = N\frac{2nV_a}{\lambda_p} \tag{5-15}$$

从式(5-15)可以看出,泵浦波长的波动是引起微波信号不稳定的主要因素,在实验中使用的泵浦光源是安捷伦可调谐激光光源(8164B),该激光器的波长波动很小,因此,获得的微波信号频率的稳定性是可以保障的。每隔 20 分钟测量了三阶斯托克斯波的频率稳定性,如图 5-18 所示,从图中可以看出,频率信号在两个小时内的波动约为 $0.3\mathrm{MHz}$,因此,微波信号的频率稳定性是比较高的。由于没有信号源分析仪,就没有测量信号的相位噪声,又于声波的衰减和环形腔的反馈共同的作用,使得布里渊泵浦源的相位噪声是布里渊激光器的相位噪声的主要来源[32],因此,微波信号的相位噪声是比较低的。

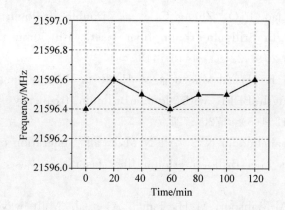

图 5-18　120 分钟内的 21.6GHz 微波信号的稳定性

5.4　本章小结

　　为了获得高质量的可调谐微波信号,首先设计了单频布里渊环形腔激光器,利用该单频激光器作为信号光,结合受激布里渊散射放大效应,实现了超过 12 个波长的激光输出,且产生的波长数可以进一步增加。该激光器的波长间隔为 0.087nm,通过调节泵浦波长和功率实现了可调谐的多波长输出。在 20 分钟的时间间隔内,测量了信号的稳定性,实验结果表明该多波长激光器展现了较高的稳定性。利用多波长布里渊激光器获得了可调谐的微波信号,得到了超过 11 阶斯托克斯信号的多波长激光器,微波信号是通过差频多阶斯托克斯信号获得的。通过调节泵浦波长和光纤的温度来获得可调谐的微波信号输出,得到了 11~21.6GHz 的微波信号,获得的微波信号具有较高的频率稳定性。

参考文献

[1]　Li Jun, Chen Tao, Sun Jun-qiang, et al. Double-Brillouin-frequency spaced multiwavelength generation in a ring Brillouin-erbium fiber laser[J]. Chin. Phys. Lett., 2013,30(2):024205.

[2] Zhao J F，Liao T Q，Zhang C，et al. Double Brillouin frequency spaced multiwavelength Brillouin-erbium fiber laser with 50nm tuning range[J]. Laser Phys. ，2012,22(9)：1415-1418.

[3] Almusafer W K H，Al-Mansoori M H，et al. Widely tunable C＋L bands multi-wavelength BEFL with double-Brillouin frequency shifts[J]. IEEE Photon. ，2012,4(5)：1720-1727.

[4] Parvizi R，Shahabuddin N S，Ali N M，et al. Generation of efficient 20GHz optical combs in a Brillouin-erbium fiber laser[J]. Laser Phys. ，2013，23(1)：015103.

[5] Shee Y G，Al-Mansoori M H，Ismail A，et al. Multi-wavelength Brillouin-erbium fiber laser with double-Brillouin-frequency spacing[J]. Opt. Express，2011,19(3)：1699-1706.

[6] 曹晔,冀志华,赵军发,等.宽带可调谐双频移多波长布里渊光纤激光器[J].光电子•激光,2013，24(10)：1868-1872.

[7] 袁珊,王天枢,缪雪峰,等.基于可调谐光纤环形镜滤波器的多波长布里渊掺铒光纤激光器[J].光电子•激光,2013，24(5)：874-877.

[8] 张鹏,王天枢,贾青松,等.基于8字形结构布里渊多波长光纤激光器的可调谐高频微波产生[J].中国激光,2014,41(12)：12020006-1-12020006-5.

[9] D S Moon，B H Kim，A Lin and et al. Tunable multi-wavelength SOA fiber laser based on a Sagnac loop mirror using an elliptical core side-hole fiber[J]. Opt Express，2007,15(13)：8371-8376.

[10] 刘毅,于晋龙,王红杰,等.基于反馈光纤环的可调多波长布里渊掺铒光纤激光器[J].中国激光,2014,41(12)：0202003-1-0202003-4.

[11] 刘珂,桑梅,朱攀,等.全光纤掺 Yb3＋光纤激光器的多波长锁模现象[J].光电子•激光,2014，25(2)：222-226.

[12] Yang Pei，Xiao Shilin，Feng Hanlin，et al. Wavelength-tunable light sources based on a self-seeding RSOA[J]. Chin Opt Lett. ，2013，11(4)：040602.

[13] Miao Xuefeng，Wang Tianshu，Zhou Xuefang. A tunable multiwavelength Brillouin-erbium fiber laser[C]. Chinese J Laser，2012,39(6)：0602010.

[14] Goldblattn. Stimulated Brillouin scattering[J]. Applied Optics，1969,8(8)：1559-1566.

[15] Kovalev V I，Harrison R G. Threshold for stimulated Brillouin scattering[J]. Optics Express，2007，15(26)：17625-17630.

[16] Velchev，W Ubachs. High-order stimulated Brillouin scattering with nondiffracting beams[J]. Optics Letters，2001，26(8)：530-532.

[17] Djupsjobacka，Jacobsen G，Tromborg B. Dynamic stimulated Brillouin scattering analysis[J]. Journal of Lightwave Technology，2000，18(3)：

416-424.

[18] Harrsion R G，Yu D，Lu W，et al. Chaotic stimulated Brillouin scattering：Theory and experiment[J]. Physica D：Nonlinear Phenomena 1995，86（1-2）：182-188.

[19] Giacone R E，Vu H X. Nonlinear kinetic simulations of stimulated Brillouin scattering[J]. Phys. Plasmas. 1998，5(5)：1455-1460.

[20] Okey M A，Osborne M R. Broadband stimulated Brillouin scattering[J]. Optics Communications，1992，89(2)：269-275.

[21] Chu R，Kanefsky M，Falk J. Numerical study of transient stimulated Brillouin scattering[J]. Applied Physics. 1992，71(10)：4653-4658.

[22] Abedin K S. Stimulated Brillouin scattering in single-mode tellurite glass fiber[J]. Optics Express，2006，14(24)：11766-11772.

[23] Sang H L，Kim C M. Chaotic stimulated Brillouin scattering near the threshold in a fiber[J]. Optics Letters，2006，31(21)：3131-3133.

[24] Zhu Z，Gauthier D J，Okawachi Y，et al. Numerical study of all-optical slow light delays via stimulated Brillouin scattering in an optical fibers[J]. Journal of the Optical Society of America B，2005，22(11)：2378-2384.

[25] Zadok A，Eyal A，Tur M. Stimulated Brillouin scattering slow light in optical fibers[J]. Applied Optics，2011，50(25)：E38-E49.

[26] Boyd R W，Gauthier D J. Slow and fast light[C]. Progress in Optic，E. Wolf，ed. Elsevier，Amsterdam，2002，43：497-530.

[27] 王如刚，张旭苹. 基于优化纵模间隔的布里渊散射慢光的研究[J]. 光电子·激光，2012，23(12)：2321-2326.

[28] 王如刚，周六英，张旭苹. 高稳定性布里渊环形激光器的研制与性能研究[J]. 光电子·激光，2013，24(10)：1884-1888.

[29] Wang Rugang，Chen Rong，Zhang Xuping. Two bands of widely tunable microwave signal photonic generation based on stimulated Brillouin scattering [J]. Optics Communication，2013，287(15)：192-195.

[30] Williams D，Bao X，Chen L. Improved all-optical OR logic gate based on combined Brillouin gain and loss in an optical fiber. Chinese Optics Letters，2014，12，082001.

[31] Peng Huanfa，Zhang Cheng，Xie Xiaopeng. Tunable DC-60GHz RF generation utilizing a dual-loop optoelectronic oscillator based on stimulated Brillouin scattering[J]. Lightwave Technol. 2015，33，2707-2715.

[32] Chen Mo，Meng Zhou，Tu Xiaobo，et al. Low-noise，single-frequency，single-polarization Brillouin/erbium fiber laser. Optics Letters，2013，38（12）：2041-2043.

第6章

基于布里渊散射光电振荡器的高频微波信号产生技术

目前,振荡是一种常见并被广泛应用的现象,在振荡过程中,实现了能量的周期性转换。通常,振荡指的是传统的机械振荡器、电磁振荡器或量子力学振荡器等,在这些振荡器中,电磁振荡器在电气工程、信息技术和计算机科学中是非常重要的[1]。在1892年,E. Thomson提出了振荡器的再生机制[2],在1912年,发明了真空管振荡器,现在,人们发现了各种各样的电磁振荡器,如压电石英振荡器、激光振荡器和光电振荡器等[1]。1978年,R. T. Kersten提出了光电振荡器的概念[3],随后,提出并实验验证了各种结构的直接调制激光器或自由空间光学的光电振荡器结构[4-6],X. S. Yao和L. Maleki使用光纤器件设计了光电振荡器,获得了低相位噪声的微波信号[7-9]。光电振荡器主要是采用融合光信号和电信号的复合谐振腔原理产生低相位噪声的微波信号,可以有效地降低相位噪声,获得较高质量的微波信号,受到国内外研究人员的高度关注,但是,基于光生技术的高稳定、低相位噪声和大调谐范围的光电振荡器的微波信号产生方法仍然是有待进一步解决的技术难题。本章中主要介绍了光电振荡器微波信号产生技术的基本原理,分析基于布里渊散射光电振荡器的微波信号产生技术的研究现状,提出一种液芯光纤布里渊散射效应融合光电振荡器物理过程的微波信号产生技术,设计具有高品质因子储能元件的宽带可调谐微波信号源。

6.1　光电振荡器基本原理

普通的光电振荡器结构如图 6-1 所示,主要是一个正反馈环,由激光器(LD)、电光调制器(EOM)、光电检测器(PD)、电放大器(EA)、电带通滤波器(EBPF)、光纤延迟线(Fiber)、耦合器(Coupler)和电耦合器(Div)组成。首先,激光器(LD)输出的激光被电光调制器(EOM)调制,被调制的激光信号进入光纤延迟线(Fiber)进行时间延迟,光电检测器(PD)把光信号转换成电信号,该电信号经电放大器(EA)进行放大,放大后的电信号经带通滤波器(EBPF)进行滤波处理,滤波后的电信号一部分作为电光调制器(EBPF)的驱动信号,另一部分作为微波信号输出,从瞬态噪声开始,将建立稳态的振荡过程,在此过程中将获得低噪声的微波信号输出。在 1981年,Schlaak 和 Kersten 提出了光电振荡器结构并建立了光电振荡器微波信号产生的模型[10],1996 年,X Steve 和 Lute Maleki 又深入细致地研究了光电微波振荡器,他们建立了光电振荡器的准线性理论,获得了振荡器的阈值功率、振幅、频率和线宽的表达式,并通过实验进行了验证[8]。

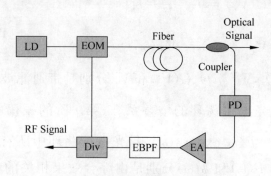

图 6-1　光电振荡器的结构示意图

结合图 6-1,得出光链路的转换方程为[1]

$$V_{\text{out}}(t) = V_{ph}(1 - \eta\sin\pi(V_{\text{in}}(t)/V_\pi + V_B/V_\pi)) \tag{6-1}$$

其中,η 通过 $(1+\eta)/(1-\eta)$ 决定电光调制器的消光比,V_B 和 V_π 分别是电光调制器的偏置电压和半波电压,$V_{ph} = (\alpha P_0 \rho/2)RG_A$ 是光电压,α 是电光

调制器的插入损耗，P_0 是输入光功率，ρ 和 R 分别是电光调制器的响应系数和负载阻抗，G_A 是电放大器的电压增益。从式(6-1)可以得出光电振荡器的开环增益为

$$G_s = \frac{\mathrm{d}V_{out}}{\mathrm{d}V_{in}}\bigg|_{V_{in}=0} = -\frac{\eta\pi V_{ph}}{V_\pi}\cos\left(\frac{\pi V_B}{V_\pi}\right) \tag{6-2}$$

如果一个正弦信号施加在电光调制器上，也就是 $V_{in}(t) = V_0\sin(\omega t + \beta)$，其中，$V_0$、$\omega$ 和 β 分别是幅度、角频率和正弦信号的初始相位，那么式(6-1)可以进一步展开为

$$V_{out}(t) = V_{ph}\left\{1 - \eta\sin\left(\frac{\pi V_B}{V_\pi}\right)\left\{J_0\left(\frac{\pi V_0}{V_\pi}\right) + 2\sum_{m=1}^{\infty}J_{2m}\left(\frac{\pi V_0}{V_\pi}\right)\cos(2m(\omega t + \beta))\right\}\right\}$$

$$- 2V_{ph}\eta\cos\left(\frac{\pi V_B}{V_\pi}\right)\sum_{m=0}^{\infty}J_{2m+1}\left(\frac{\pi V_0}{V_\pi}\right)\sin((2m+1)(\omega t + \beta)) \tag{6-3}$$

式中，$J_m(\cdot)$ 为一类第 m 阶贝塞尔函数，可以用一个理想的电带通滤波器去定义输出电压，那么电带通滤波器的输出电压可以用输入电压来表示

$$V'_{out}(t) = G_s\frac{2V_\pi}{V_0}J_1\left(\frac{\pi V_0}{V_\pi}\right)V_{in}(t) \tag{6-4}$$

根据式(6-4)，光电振荡器的运行过程可以用下面的迭代方程来表示

$$\begin{cases} \widetilde{V}_i(\omega,t) = \widetilde{F}(\omega)G(V_{i-1})\widetilde{V}_{i-1}(\omega,t-\tau') \\ G(V_i) = G_s\frac{2V_\pi}{\pi V_{i-1}}J_1\left(\frac{\pi V_{i-1}}{V_\pi}\right) \\ \widetilde{V}_{i=0}(\omega,t) = \widetilde{V}_{in}(\omega,t) \end{cases} \tag{6-5}$$

式中，i 为循环阶次，$\widetilde{V}_i(\omega,t)$、$G(V_i)$ 和 V_i 分别是带通滤波器和电光调制器之间的振荡信号、光电振荡环的增益系数、第 i 阶的振荡幅度，$\widetilde{V}_{in}(\omega,t)$ 为瞬态噪声。$\widetilde{F}(\omega) = F(\omega)\exp(i\phi(\omega))$ 是光电振荡环中所有与频率相关组件的综合效果，其中 $F(\omega)$ 和 $\phi(\omega)$ 分别是由综合效果相关的幅度和相位，τ' 为光电振荡环的物理长度引起的相位延迟。从式(6-5)可以得出，振荡幅度与增益的关系如图 6-2 所示[14]，从图 6-2 可以看出，当增益在 1~2.31 之间时，可以保持一个稳定的振荡，当增益超过 2.31 时，将会产生周期的或者混沌信号，当稳定振荡发生时，闭环增益实际上是小于 1 的，从式(6-5)得出光电振荡器输出的微波信号功率可以表示为

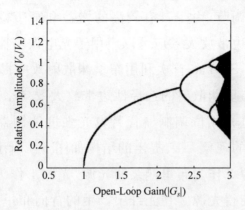

图 6-2　光电振荡器的相对幅度分布和增益的关系

$$P(\omega) = \frac{G_A^2 \, |\widetilde{V}_{\text{in}}(\omega,t)|^2/(2R)}{1 + |\widetilde{F}(\omega)G(V_0)|^2 - 2|\widetilde{F}(\omega)G(V_0)|\cos(\omega\tau' + \phi(\omega) + \phi_0)}$$

$$(6\text{-}6)$$

其中，ϕ_0 是和电光调制器偏压有关的相位因子。没有带通滤波器的自有运转的光电振荡器，将产生一些周期振荡的波峰，其相关振荡频率可以表示为

$$\omega\tau' + \phi(\omega) + \phi_0 = 2k\pi, \quad k = 0,1,2,\cdots \tag{6-7}$$

因此，自有光谱范围（或者模式间隔）以及振荡频率可以表示为

$$\text{FSR} = \frac{1}{\tau} = \frac{1}{\tau' + \mathrm{d}\phi(\omega)/\mathrm{d}\omega} \tag{6-8}$$

$$F_{\text{osc}} = (k - \phi_0/2\pi) \times \text{FSR} \tag{6-9}$$

其中，τ 是光电振荡环的总的时间延迟，即由光电环的总长度和色散引起的总的时间延迟。

6.2　基于布里渊散射光电振荡器的微波信号产生技术的阶段性研究成果

受激布里渊散射是入射光和光纤中的声波相互作用的一种非线性散射效应，被广泛地应用于微波信号的光学产生及微波信号的处理中。受激布里渊散射的带宽约为几十 MHz，放大的中心频率可以直接通过调节泵浦信号的波长进行调节,由于具有较高的增益和窄带效应,使得通过受激布里渊散射效应的边带放大效应可以应用于光电振荡器中。

在 1997 年,X. S. Yao 首次利用布里渊散射效应提高光电环形腔的增益,在系统中利用布里渊散射的选择性边带放大效应来提供光电振荡器所必需的增益,利用电光相位调制器代替电光强度调制器,消除了强度调制器的偏置电压漂移的现象[11]。提出的结构如图 6-3 所示,图中使用了两台激光光源,其中光源 2 作为布里渊泵浦光源,光源 1 作为信号光源,由于多普勒频移的存在,使得光源 2 在光纤中产生的背向布里渊散射信号的频率变为 $\nu_2 - \nu_{BS}$,如图 6-3(b) 所示。来自光电检测器的白噪声将激发调制器,并在调制器的输出端输出调制边带信号,然而,由于布里渊增益的窄带宽效应(约 10MHz),只有与布里渊频率一致的信号才能产生受激布里渊放大效应,如图 6-3(c) 所示,放大的边带信号将与激光器 1 在光电检测器上产生差频信号输出,输出的差频信号驱动调制器产生更强的边带信号,通过正反馈效应,差频信号将变得越来越强,直至达到增益饱和,输出的振荡频率信号可以表示为

$$F_{osc} = \nu_{BS} + (\nu_1 - \nu_2) \tag{6-10}$$

其中,ν_{BS} 为布里渊散射的斯托克斯频移,ν_1 和 ν_2 分别为激光器 1 和激光器 2 的中心频率。

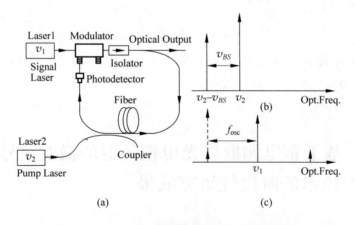

图 6-3 布里渊散射光电振荡器的结构示意图

在 2013 年 6 月,*Nature Communications* 报道了 J. Li 等首次提出基于回音壁(WGM)结构的布里渊散射介质作为储能元件的光电振荡器,利

用布里渊散射效应的储能芯片与光电环形腔结构的微波产生结构,该环形腔结构中包含声光调制器、环形器、光电检测器、滤波器和分束器等器件,获得了 21.7GHz 的微波信号,其实验结构如图 6-4 所示[12]。

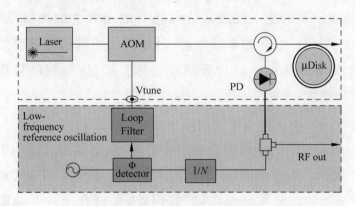

图 6-4 闭环布里渊散射光电振荡器的结构图

2015 年,Huanfa Peng 等提出了相位调制器和双环结构的布里渊光电振荡器,利用独立的信号激光器和布里渊散射泵浦激光器,储能单元是由普通单模光纤构成的双环结构,其结构如图 6-5 所示[13],在该系统中,利用两台激光器实现光电振荡器的调谐性,一台激光器作为信号光,另一台激光器作为布里渊散射的泵浦激光,高非线性光纤是用来降低受激布里渊散射的阈值功率,信号激光器输出的激光光束被相位调制器调制后注入高非线性光纤中,泵浦激光器输出的激光信号通过环形器进入高非线性光纤,在高非线性光纤中产生背向布里渊散射信号,从环形器第三端口输出的信

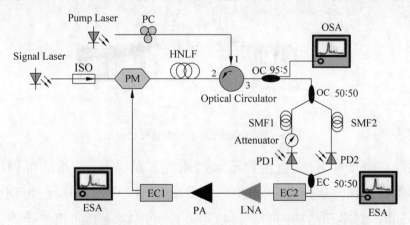

图 6-5 基于受激布里渊散射的多环结构的光电振荡器结构图

号光被 3dB 耦合分出两束信号,两束信号分别经单模光纤 SMF1 和 SMF2 后,经光电检测器 PD1 和 PD2 转换为电信号,再由电 3dB 耦合器混合后进入电放大器,经电放大器放大后的电信号,一部分作为相位调制器的驱动信号,形成一个闭环的光电振荡器结构,另一部分作为微波信号输出。

当一阶边带信号处在布里渊增益区域时,该边带信号将会被有效地放大,信号激光器和放大的一阶边带信号进行差频,该差频信号将会是光电振荡器的振荡模式,振荡频率可以表示为

$$f_{osc} = |\nu_0 - \nu_p + \nu_B| \qquad (6\text{-}11)$$

其中,ν_0、ν_p 和 ν_B 分别为信号激光器的中心频率、泵浦激光器的中心频率和斯托克斯频移量。通过调节泵浦激光器的波长,振荡频率将会发生改变,由于泵浦激光器的波长调谐是连续的,因此,可以获得较宽调谐范围的微波信号输出。在实验中,信号激光器的输出波长固定在 1549.5nm,泵浦激光器的波长是可调谐的,最小的调谐步进为 50MHz,当振荡频率在 10GHz 时,测量的光谱信号和电谱信号分别如图 6-6 和图 6-7 所示,从图 6-6 可以看出,信号光与斯托克斯信号之间的频率间隔约为 10GHz,从图 6-7 可以看出,信号的边模抑制比约为 35dB。

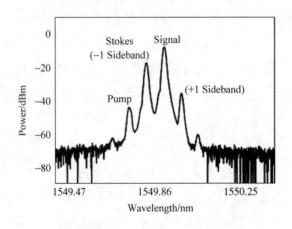

图 6-6 输出受激布里渊散射信号的光谱

在频率调谐性方面,直接调节泵浦激光器的波长,获得的可调谐微波信号的电谱如图 6-8 所示,从图中可以看出,输出 0~60GHz 的可调谐微波信号。同时,对多环结构的布里渊散射效应光电振荡器的相位噪声进行了理论模型的分析,理论模型的计算结果与实验结果比较吻合。此外,分析

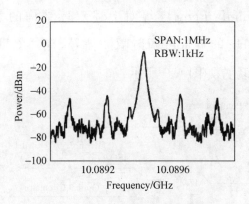

图 6-7 输出的 10GHz 的电谱信号

了 ASE 噪声激起的相位噪声，从计算结果中可以看出，在高功率泵浦下，通过 ASE 噪声激起的相位噪声非常有限，由相位调制指数和调制的光功率共同决定，当增加相位调制指数和调制的光功率时，由 ASE 噪声激起的相位噪声将逐渐降低。

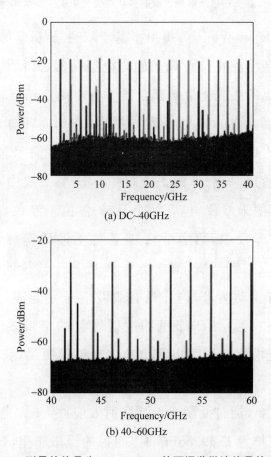

(a) DC~40GHz

(b) 40~60GHz

图 6-8 测量的信号为 DC～60GHz 的可调谐微波信号的电谱

在 2015 年，Huanfa Peng[14] 等对上述双环结构的实验装置进行了修改，获得了 0～40GHz 的宽带可调谐微波信号，在 20GHz 时的边带抑制比为 43.1dB，实验的装置如图 6-9 所示。

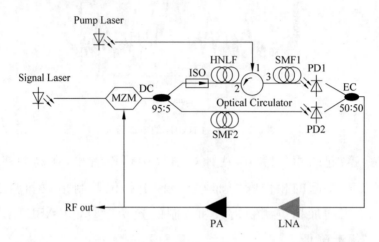

图 6-9　基于布里渊散射效应的多环结构光电振荡器结构示意图

在 2016 年，Beilei Wu[15] 等提出了基于双通马赫-曾德干涉仪及受激布里渊散射效应的频率和相位可调谐的光电振荡器，其结构如图 6-10 所示。可调谐激光器发出的激光光束被耦合器 1 分出两束信号，一束信号通过偏振控制器和环形器后注入高非线性光纤中，作为布里渊散射信号的泵浦光，在高非线性光纤中产生布里渊散射，另一束信号通过偏振控制器（PC2）后注入双通道马赫-曾德干涉仪中。这个系统中最主要的元件就是双通道马赫-曾德干涉仪，包含两个马赫-曾德干涉仪，它们嵌套在一个主体马赫-曾德干涉仪中，第一个马赫-曾德干涉仪实现零点偏压控制以便实现载波抑制双边带调制，第二个马赫-曾德干涉仪的偏压控制在最大传输点，而且没有驱动信号，这样只有载波信号才能通过，因此可以获得载波抑制双边带信号。由于布里渊散射增益的窄带效应和增益竞争特性，使得环形腔光电振荡器可以稳定地实现单模振荡，获得低相位噪声的微波信号输出。

当一阶边带信号通过受激布里渊散射效应放大时，光电振荡器开始起振，当激光器的波长为 1549.55nm 时，测得的受激布里渊散射效应前后的

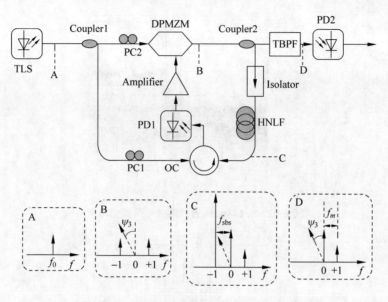

图 6-10　相位和频率可调谐的光电振荡器

光谱如图 6-11 所示，从图中可以看出，一阶边带斯托克斯信号的增益约为 12.23dB，一阶反斯托克斯信号的衰减约为 9.04dB，利用一阶反斯托克斯信号和载波信号进行差频，可以获得布里渊频移信号，利用电谱分析仪测得的微波信号的频谱如图 6-12 所示，当光载波信号的波长为 1559.5797nm 时，输出信号的频率为 9.144GHz。同时，测量了微波信号的调谐性，通过调节可调谐激光器的波长，获得的可调谐微波振荡频率如图 6-13 所示，当可调谐激光器的波长在 1525.5797～1596.5797nm 调节时，获得了 8.95～9.351GHz 的微波信号输出。

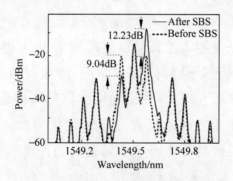

图 6-11　受激布里渊效应前后的光谱图

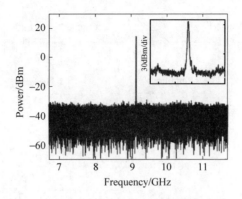

图 6-12　9.144GHz 的微波信号的频谱信号

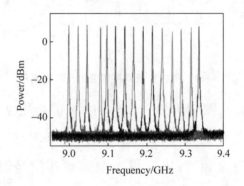

图 6-13　可调谐的微波信号频谱

6.3　基于布里渊散射光电振荡器微波信号产生方法的研究计划

　　在目前的光电振荡器微波信号产生的方法中,虽然多环结构比单环结构的光电振荡器可以有效地降低相位噪声、增加自由谱宽等,但是它们的储能元件都是普通单模光纤,且输出的微波信号频率是由反馈环路中的窄带滤波器来决定。使用普通单模光纤延迟线作为储能元件具有一些明显的缺点,第一,由于系统的品质因子和延迟线的长度成正比,为了获得品质因子超过 10^9 的光电振荡器,必须使用几千米甚至几十千米的普通光纤作为储能元件,由于光纤延迟线的体积较大,且在较长光纤延迟线的沿线上温度是不均匀的,造成了输出微波信号的频率稳定性较差;第二,利用普通光纤延迟线作为储能元件会产生许多边模成分,而且利用双环结构的光电振荡器并不能有效地抑制产生的边模,增加了输出信号的噪声。基于光电振荡器的微波信号产生的方法相对于另外几种方法具有一定的优势,但研究起步较晚,且由于使用普通单模光纤作为储能器件,存在着一定的缺点,限制了高质量微波信号的获得。而在基于回音壁模 WGM 谐振器的光电振荡器方法中,由于 WGM 作为储能元件的制备工艺要求比较严格,使其并没有真正地被开发与利用。所以,为了获得高质量的微波信号,结合光电振荡器的优点,必须设计出适合光电振荡器的储能元件。

2012 年,K Kieu 等把二硫化碳灌入毛细管光纤形成液芯光纤,观测到该液芯光纤具有较大的非线性系数,可以有效地降低受激拉曼散射阈值[16]。2014 年,姜凌红等在光子晶体光纤中填充二硫化碳液体,研究表明该液芯光纤具有较高的纤芯功率限制因子及高双折射率特性,通过结构参量容差性分析得到该光纤具有较好的偏振稳定性[17]。在 2015 年,田翠萍等在光子晶体光纤中充入四氯化碳制成液芯光学微池,通过包层孔塌缩技术将光子晶体光纤的两端堵住,大大降低了受机拉曼散射的阈值[18]。从这些研究报道来看,通过注入二硫化碳或者四氯化碳等液体构成的液芯光纤,在提高光纤非线性效应方面是非常可行的。但是,这些报道中液芯光纤两端与斜切的单模光纤熔接结构不够稳定,重复性差。因此,可以通过在毛细管中填充一定的液体来提高光纤的非线性特性;同时,若能采用适当的加工技术在普通单模光纤和毛细管光纤交界面形成通道实现毛细管光纤内灌注液体和封装,则能够解决现有制作结构不够稳定和重复性差等问题。鉴于此,我们认为该液芯光纤可以尝试用作光电振荡器的储能元件,以获得具有高品质因子的光电振荡器储能元件。

传统光注入和外调制方法实现原理相对简单,但所产生的微波信号相位噪声比较高,且在信号光差频过程中效率比较低;光电振荡器则采用了混合光与微波的复合谐振腔原理产生低相位噪声的微波信号,但在高频和宽带调谐方面的实现相对复杂和困难。为了增加光电振荡器微波信号的调谐范围,2015 年,南京大学陈向飞课题组提出了利用光注入半导体激光器的四波混频非线性动力学原理产生 $9.63 \sim 19.11 \mathrm{GHz}$ 的宽可调谐光电振荡器微波信号,光电振荡环中利用两个偏振分束器结合 2.77km 及 1km 单模光纤并联构成的滤波器实现微波信号的滤波功能,大大增加了光电振荡器的可调谐性[19]。从该研究来看,通过光注入 DFB 激光器结合光电振荡器的结构,在提高光电振荡器的调谐性能方面是切实可行的。从国内外光生微波信号产生的报道中,可以看出基于布里渊散射的微波信号产生的方法相比其他的方法具有较大的优势,可以有效地克服现有微波信号产生方法的高相位噪声、低调谐范围和低品质因子等缺点。但是,现有的研究并未涉及光注入微波信号产生的机理研究,光注入和布里渊散射光电振荡器特性的影响因素和规律以及优化的途径;同时,一个至关重要的基础性问题就是能否结合光注入、布里渊散射效应和光电振荡器的优点来获得高频、宽调谐范围和低相位噪声的可调谐微波信号,需要深入的研究其产生机理。

针对光生微波信号产生方法存在的上述问题,在充分借鉴前人的最新研究成果的基础上,结合我们在相关领域的研究基础,提出一种利用光注入 DFB 激光器结合液芯单模光纤布里渊散射效应储能元件,融合光电振荡器物理过程的相关技术方案;以解决现有技术的布里渊散射效应与光电振荡器兼容性问题,同时获得高品质因子储能元件的宽带可调谐微波信号源;力争充分发挥光电振荡器的低噪声和布里渊散射效应的频移特性的优势,为增加光生微波信号的调谐范围和降低相位噪声探索新的技术方案。深入研究基于液芯单模光纤布里渊散射效应微波信号产生机理,分析外界因素、光纤半径等内部因素对布里渊散射的影响,设计具有高品质因子的光电振荡器储能元件,结合光电振荡器的低噪声和窄线宽等特性;提出基于光注入 DFB 激光器结合液芯光纤布里渊散射效应储能元件的光电振荡器高频可调谐微波信号源的方法。

6.3.1 研究的主要内容

本节将从基于毛细管液芯单模光纤布里渊散射效应的光电振荡器微波信号产生机理、光注入融合光电振荡器的信号调谐控制理论及方法、基于毛细管液芯光纤的光电振荡器储能元件研究与制备等几个方面进行系统性的研究。研究的内容包括：

1. 液芯光纤布里渊散射效应的光电振荡器高频微波信号产生机理及模型

首先研究基于普通光纤的长度、结构等内在因素对光电振荡器微波信号产生的理论模型；研究基于布里渊散射效应产生的微波信号与影响基于光纤介质的布里渊散射的储能元件的温度与压力等外界因素的机理；结合普通光纤布里渊散射效应的光电振荡器的研究结果进一步分析液芯光纤布里渊散射的特性以及对光电振荡器性能的影响。

- 研究在液芯光纤中激发布里渊散射的机制和特性。研究不同内径的液芯光纤激发布里渊散射的效率等，其目的是获取较高的非线性系数提高受激布里渊散射的激发效率。

- 研究普通光纤及液芯光纤布里渊散射谱各参量对光电振荡器性能影响的物理机理，建立液芯光纤中布里渊散射谱增益、频移及线宽与外界因素对光电振荡器的噪声和信号频率的数学模型，分析液芯光纤中填充物对布里渊散射效应的光电振荡器性能影响等。通过对上述各因素的研究分析，得出适用于基于布里渊散射效应微波信号产生的非线性光纤储能元件的最优化参数选取方案，从而为系统方案优化等提供理论基础。

2. 光注入融合光电振荡器的信号调谐控制机理及其方法

微波信号的可调谐性对于通信等应用领域是非常重要的，所以必须对光电振荡器的调谐性进行设计与优化。半导体激光器光注入产生微波信号的频率由主激光器和从激光器的工作参数决定，微波信号的质量与注入锁定效率和注入光在从激光器中获得的增益特性相关；激光器在强注入条件下有望增加注入锁定范围和调谐范围，有效利用强注入条件下 DFB 激光器的非线性特性可以生成更高频率的微波信号。研究内容包括：

- 研究不同注入条件下激光器工作特性、调制特性、增益特性，以及大功率注入时激光器的非线性特性等。研究 DFB 激光器对注入光的选频特性、对注入光特定边带的抑制等控制方法，对差频信号光能够进行精准的波长和功率调控,从而研究高效产生微波信号、增加调谐范围和降低相位噪声的方法。

- 研究 DFB 激光器光注入与光电振荡器结构结合的方案。研究进一步降低光生微波信号的相位噪声,同时实现宽带连续可调、增加频率调谐范围的方法;研究如何利用强注入激光器非线性效应产生微波毫米波信号方法,以及直调 DFB 激光器注入条件下啁啾特性的控制方法,从而实现对所产生的微波信号调谐的控制。

3. 液芯单模光纤的光电振荡器储能元件的研究及制备

对于光电振荡器,最重要的一个器件就是其储能元件,决定光电振荡器的品质因子等性能参数,因此,高质量的储能元件对微波信号源的性能具有决定作用。因此需要对光电振荡器的储能元件进行必要的设计才能获得高性能的微波信号源。研究内容包括:

- 研究制备插入损耗低、结构稳固的高非线性、低双折射液芯光纤。研究利用飞秒微加工技术在普通单模光纤和毛细管光纤交界面形成微流通道从而实现往毛细管光纤内灌注液体的方法;研究利用四氯化碳和二硫化碳混合液体,在不同内径($2\sim10\mu m$)毛细管光纤内制备单模光纤的方法。
- 对比分析单环及双环等结构的液芯光纤储能元件的光电振荡器性能;对比研究常用调制器(电光调制器、相位调制器及偏振调制器等)对输出信号的影响;理论及实验研究基于布里渊散射的储能器件参数对输出微波信号性能的影响。

6.3.2　拟采取的研究方法和技术路线

总体上运用理论分析、实验验证和系统实现的研究方法,采用结合已有研究基础、逐步深入、循序渐进的技术路线,力争在微波信号的产生和应用研究上取得一定突破,总体研究思路如图 6-14 所示。

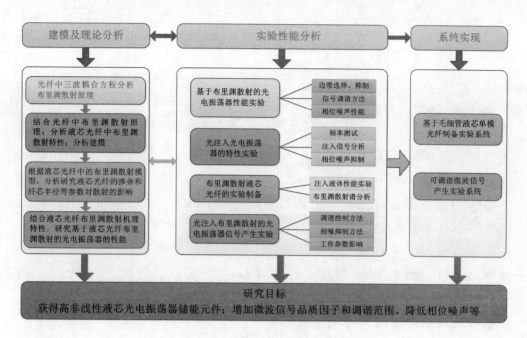

图 6-14　总体研究思路示意图

1. 光纤布里渊散射效应的光电振荡器高频微波信号产生机理及模型

在光电振荡器的许多参数中,品质因子是最基本的一个参数,它是与谐振器模式中能量寿命相关的量,若寿命为 τ,那么品质因子为 $Q=\omega\tau$,其中 ω 为模式的频率,因此,具有较高品质因子的谐振器在光储能器件中是非常有吸引力的。而且其噪声性能是由能量储存时间决定,也可以看成是由品质因子决定,所以使用具有较高品质因子的储能器件对提高谐振器的性能是非常有益的。目前,王如刚等已经针对光纤中布里渊散射开展了部分研究,现阶段的研究成果指出光纤受激布里渊散射的阈值功率与光纤的长度、光纤半径以及环境的温度等具有一定的关联性。如果布里渊泵浦光和斯托克斯光之间满足谐振条件 $\nu_p=\nu_s+\nu_B$,就会产生受激布里渊声波场,其中 ν_p 为泵浦光频率,ν_s 为斯托克斯光频率,ν_B 为光纤中的布里渊频移。理论上用麦克斯韦方程和纳维-斯托克斯方程描述布里渊散射过程,若斯托克斯光沿着 $+Z$ 方向传输,而布里渊泵浦光沿 $-Z$ 方向传输,忽略光场的横向分布及利用缓慢变化振幅近似(SVEA),布里渊散射过程中泵浦光波、斯托克斯光波和声波的三波耦合方程可以描述为

$$\begin{cases} -\dfrac{\partial E_p}{\partial z} + \dfrac{n_{fg}}{c}\dfrac{\partial E_p}{\partial t} = -\dfrac{\alpha}{2}E_p + ig_2 E_s\rho \\[2mm] \dfrac{\partial E_s}{\partial z} + \dfrac{n_{fg}}{c}\dfrac{\partial E_s}{\partial t} = -\dfrac{\alpha}{2}E_s + ig_2 E_p\rho^* \\[2mm] \dfrac{\partial \rho}{\partial t} + \left(\dfrac{\Gamma_B}{2} - i\Delta\omega\right)\rho = i\dfrac{g_1}{2}E_p E_s^* \end{cases} \tag{6-12}$$

式中，E_p，E_s 和 ρ 分别是泵浦光、斯托克斯光和声波的复振幅，n_{fg} 是光纤的群折射率，α 是光纤的损耗系数，$\Delta\omega = \omega_{p0} - \omega_{s0} - \Omega_B$ 是偏离布里渊增益谱中心（ω_{s0}）的失谐量，Ω_B 是布里渊散射的角频移，ω_{p0}，ω_{s0} 是泵浦光和斯托克斯光的中心频率，$g_1 = \gamma_e\varepsilon_0\Omega_B/(4V_a^2)$，$\gamma = \Gamma_B/2\pi$ 是布里渊增益谱带宽，$g_2 = \gamma_e\omega_{p0}/(4cn_f\rho_0)$，$\eta = cn_f\varepsilon_0/2$，$\gamma_e$ 是光纤中的电致伸缩系数，ε_0 是真空中的电导率，n_f 为光纤的相折射率，ρ_0 是材料的密度，V_a 为声波的速度。从式（6-12）可以通过理论建模和仿真确定布里渊散射增益、频移及线宽与光纤本身参数及外界因素的关系。

基于上述得出的理论模型，通过改变光纤毛细管的种类、掺杂或者填充的液体等，进行谐振器品质因子 Q 值的性能分析，可以通过理论建模和仿真确定光纤折射率等参数与其品质因子 Q 的关系。首先，建立光纤中光场的导波模型，利用有限元分析软件仿真不同边界条件下（可改变纤芯和包层的形状、尺寸、掺杂方式以及折射率分布）光场的分布，同时亦可得到不同边界条件下光纤折射率的大小。其次，利用毛细管等光纤器件，填充一定的介质材料，如四氯化碳、二硫化碳或者混合液体等介质，改变谐振器的耦合比和光的储存时间，从而增加谐振器的品质因子；通过改变毛细管的填充材料制作毛细管作为谐振器，并测量其特性，得出优化的腔形结构和填充材料等，并得出高品质因子 Q 值谐振器的制作方法，通过实验验证上述理论分析及定量关系。由于谐振器的光谱是由腔形和内部的折射率空间分布决定，不能用解析解来描述这些光谱的特性，但是，可以利用数值计算和近似分析的方法分析谐振器中的模态结构和光谱特性。

2. 光注入融合光电振荡器的信号调谐控制机理及其方法

针对不同注入条件下，分析光注入条件下 DFB 激光器的理论模型和非线性速率方程；研究 DFB 激光调制特性、增益放大特性、四波混频特性等，进行相关理论推导和分析；采用 Runge-Kutta 算法进行光注入 DFB 激光器的特性仿真，得出光注入 DFB 激光器的增益特性曲线和锁定条件范围曲线,进行注入条件与调制特性及非线性特性关系的定量分析。通过实验研究光注入激光器的增益、调制和非线性特性,并分析激光器的锁定条件、增益调谐参数、波长选择和放大条件等。此外,将根据拟订方案的基本原理,搭建系统仿真模型,进行仿真分析研究,在对光注入 DFB 激光器的增益特性和锁定条件研究的基础上,确定主、从激光器的最佳工作参数。

3. 基于毛细管液芯单模光纤的光电振荡器储能元件的研究及制备

根据理论研究与分析的结果,利用四氯化碳(折射率约为 1.45)和二硫化碳(折射率约为 1.59)混合液体,灌注在不同内径($2\sim10\mu m$)毛细管空心光纤制备液芯单模光纤。根据毛细管液芯光纤的内径不同,通过改变四氯化碳和二硫化碳的比例调控混合溶液的折射率,从而实现液芯光纤的单模传输。对液芯光纤进行光的导入和导出将是一个技术难题,如果采用自由空间导光,一方面会有较大的损耗,另一方面液芯光纤由于没有封口暴露在空气中,液体很快就会挥发;如果把灌注液体的液芯光纤和石英单模光纤熔接,就可以解决这个问题,但是,光纤熔接过程中电极放电会导致液体大量挥发形成空气段,导致较大的损耗。本方案拟提出采用飞秒微加工技术在普通单模光纤和毛细管光纤交界面形成微流通道从而实现往毛细管光纤内灌注液体的方法。具体过程如图 6-15 所示。

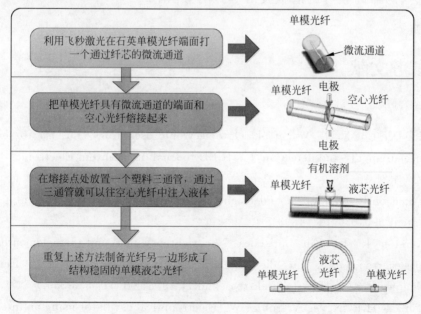

图 6-15　液芯光纤的制备过程

6.4　本章小结

本章首先介绍了基于光电振荡器的微波信号产生方法的基本原理,分析了光电振荡器的结构特点和光电振荡器的增益特性,其次,介绍了布里渊散射光电振荡器的微波信号产生的国内外研究进展,根据这些分析,提出一种利用光注入 DFB 激光器结合液芯单模光纤布里渊散射效应储能元件,融合光电振荡器物理过程的相关技术方案;以解决现有技术的布里渊散射效应与光电振荡器兼容性问题,同时获得高品质因子储能元件的宽带可调谐微波信号源;充分发挥光电振荡器的低噪声和布里渊散射效应的频移特性的优势,为增加光生微波信号的调谐范围和降低相位噪声探索新的技术方案。深入研究基于液芯单模光纤布里渊散射效应微波信号产生机理,分析外界因素、光纤半径等内部因素对布里渊散射的影响,设计具有高品质因子的光电振荡器储能元件,结合光电振荡器的低噪声和窄线宽等特性;提出基于光注入 DFB 激光器结合液芯光纤布里渊散射效应储能元件的光电振荡器高频可调谐微波信号源的方法。

参考文献

[1] Zou X, Liu X, Li W, et al. Optoelectronic oscillators (OEOs) to sensing, measurement, and detection[J]. IEEE Journal of Quantum Electronics, 2016, 52(1): 1-16.

[2] Thomson E. Method of and means for producing alternating currents: U. S. Patent 500,630[P]. 1893-7-4.

[3] Kersten R T. Ein optisches Nachrichtensystem mit Bauelementen der integrierten Optik für die Übertragung hoher Bitraten [J]. Electrical Engineering (Archiv fur Elektrotechnik), 1978, 60(6): 353-359.

[4] Schlaak H F, Neyer A, Sohler W. Electrooptical oscillator using an integrated cutoff modulator[J]. Optics Communications, 1980, 32(1): 72-74.

［5］　Sohler W. Optical bistable device as electro-optical multivibrator［J］. Applied Physics Letters，1980，36(5)：351-353.

［6］　Lewis M F. Novel RF oscillator using optical components［J］. Electronics letters，1992，28(1)：31-32.

［7］　Yao X S，Maleki L. High frequency optical subcarrier generator［J］. Electronics Letters，1994，30(18)：1525-1526.

［8］　Yao X S，Maleki L. Optoelectronic microwave oscillator［J］. JOSA B，1996，13(8)：1725-1735.

［9］　Yao X S，Maleki L. Converting light into spectrally pure microwave oscillation ［J］. Optics Letters，1996，21(7)：483-485.

［10］　Schlaak H F，Kersten R T. Integrated optical oscillators and their applications to optical communication systems［J］. Optics Communications，1981，36(3)：186-188.

［11］　Yao X S. High-quality microwave signal generation by use of Brillouin scattering in optical fibers［J］. Optics letters，1997，22(17)：1329-1331.

［12］　Li J，Lee H，Vahala K J. Microwave synthesizer using an on-chip Brillouin oscillator［J］. Nature communications，2013，4.

［13］　Peng H，Zhang C，Xie X，et al. Tunable DC-60GHz RF generation utilizing a dual-loop optoelectronic oscillator based on stimulated Brillouin scattering ［J］. Journal of Lightwave Technology，2015，33(13)：2707-2715.

［14］　Peng H，Zhang C，Guo P，et al. Tunable DC-40GHz RF generation with high side-mode suppression utilizing a dual loop Brillouin optoelectronic oscillator［C］//Optical Fiber Communication Conference. Optical Society of America，2015：M3E. 5.

［15］　Wu B，Wang M，Sun J，et al. Frequency-and phase-tunable optoelectronic oscillator based on a DPMZM and SBS effect［J］. Optics Communications，2016，363：123-127.

［16］　Kieu K，Schneebeli L，Norwood R A，et al. Integrated liquid-core optical fibers for ultra-efficient nonlinear liquid photonics［J］. Optics Express 2012，20(7)，8148-8152.

［17］　姜凌红，郑义，郑凯，等.液芯高双折射率光子晶体光纤的特性研究［J］.光子学报，2014，43(9)：0906003-0906003.

［18］　田翠萍，汪滢莹，高寿飞，等.基于液体纤芯光子晶体光纤的低阈值受激拉曼散射［J］.北京工业大学学报，2015，41(12)：1856-1860.

［19］　Zhang Tingting，Xiong Jintian，Wang Peng，et al. Tunable optoelectronic oscillator using FWM dynamics of an optical-injected DFB laser［J］. Photonics Technology Letters，2015，27(12)：1313-1316.

第7章

光纤中的布里渊散射效应在
通信信号速度控制系统中的应用

当布里渊泵浦光与相向传输的信号光频率差恰好为布里渊频移的光波相向入射到光纤时,将发生受激布里渊散射[1-10],在此过程中,低频光的强度获得增益,且时间上发生了延迟。由于普通单模光纤中的本征布里渊散射谱宽为 $30\sim50\mathrm{MHz}$,所以被延迟信号的速率为几十 Mbit/s,为了匹配现有光纤通信系统的传输速率,必须增加光纤中布里渊散射的谱宽。本章从受激布里渊散射(SBS)耦合波方程出发,对光纤中多布里渊增益线慢光进行研究,分析布里渊增益线之间的间隔对布里渊增益谱与延迟的影响。提出获得多布里渊增益线的方法,并分别分析宽带可调谐及多通道泵浦的布里渊散射通信控制系统的性能分析。

7.1 基于布里渊散射效应的通信信号传输速度
控制理论分析

目前,获得宽带布里渊增益谱的方法主要有直接调制激光光源[11-21]、利用滤波器分割放大的自发辐射源(ASE)以及外部调制器调制激光光源[22-26]。通过直接调制激光二极管,已经获得了高达十几 GHz 带宽的布里渊泵浦源,而且研究还表明超高斯泵浦波形可以减小延迟后信号的扭曲。利用外部调制器调制激光光束获得多个增益线的方法同样引起研究人员的关注,因为通过多个布里渊增益线展宽布里渊增益谱的方法不仅可以有效地增加布里渊增益谱带宽,而且还可以减小信号经延迟后产生的扭曲。

脉冲信号经过一个线性系统后,输出脉冲信号在频域上的幅度 $A(\omega, z)$ 可以用输入脉冲信号的幅度 $A(\omega, 0)$ 来表示[27]:

$$A(\omega, z) = A(\omega, 0) \exp[ik(\omega)z] \tag{7-1}$$

式中,z 是光纤的长度,$k(\omega)$ 是与频率有关的复波数,经过色散介质且没有发生扭曲的情况下,信号的复波数可以表示为

$$k(\omega) = k_0 + k_1(\omega - \omega_c) \tag{7-2}$$

其中,ω_c 是脉冲的载波频率,k_0 是实数,此时脉冲的形状没有发生改变,只是脉冲信号产生了延时、相移、增益或者损耗。在理想状态下,脉冲延时等于群延时,即 $t_g = z(k_1 - 1/c)$,其中 c 是真空中的光速。事实上,因为复波数中存在泰勒基数展开的高阶项,实际的色散物质并不满足式(7-2),这些高阶项将导致脉冲扭曲或者脉冲形状的改变,因此减小复波数泰勒基数展开的高阶项影响可以降低脉冲的扭曲。研究表明,利用多个布里渊增益线可以减小复波数高阶项的影响[28-30],图 7-1 为多布里渊增益线的增益谱。若相邻两个布里渊增益谱线之间的间隔为 δ,泵浦光强度为 P,光纤的有效面积为 A_{eff},总的布里渊共振谱带宽为 B,n_0 为光纤纤芯的折射率,$\gamma = \Gamma_B/2\pi$ 为布里渊增益谱的宽度,$\nu = (\omega - \omega_{p0} + \Omega_B)/2\pi$ 为相对于布里渊泵浦频率中心的频率 ω_{p0} 失谐量。在一个、两个以及三个布里渊增益线情况下,信号的复波数可以分别表示为

$$\begin{cases} k_s(\omega) = \dfrac{\omega}{c} n_0 - \dfrac{gP\delta}{BA_{\text{eff}}} \cdot \dfrac{i}{1 - i2\nu/\Gamma_B} \\[2mm] k_s(\omega) = \dfrac{\omega}{c} n_0 - \dfrac{gP\delta}{BA_{\text{eff}}} \cdot \left(\dfrac{i}{1 - i2(\nu - \delta)/\Gamma_B} + \dfrac{i}{1 - i2(\nu + \delta)/\Gamma_B} \right) \\[2mm] k_s(\omega) = \dfrac{\omega}{c} n_0 - \dfrac{gP\delta}{BA_{\text{eff}}} \cdot \left(\dfrac{i}{1 - i2\nu/\Gamma_B} + \dfrac{i}{1 - i2(\nu - \delta)/\Gamma_B} + \dfrac{i}{1 - i2(\nu + \delta)/\Gamma_B} \right) \end{cases} \tag{7-3}$$

由式(7-3)可以推导出多布里渊增益线情况下的复波数,如式(7-4)所示

$$k_s(\omega) = \frac{\omega}{c} n_0 - \frac{g_0 P\delta}{BA_{\text{eff}}} \sum_{n=-B/2\delta}^{B/2\delta} \frac{i}{1 - i2(\nu + n\delta)/\Gamma_B} \tag{7-4}$$

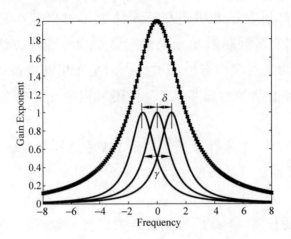

图 7-1 多个布里渊增益线的增益谱

由式(7-3)及式(7-4)可以得出斯托克斯波的有效折射率为

$$\tilde{n}_s \equiv \frac{c}{\omega} \cdot k_s(\omega) = n_0 - \frac{cg_0P\delta}{\omega BA_{\text{eff}}} \sum_{n=-B/2\delta}^{B/2\delta} \frac{i}{1 - i2(\nu + n\delta)/\Gamma_B}$$

$$= n_0 - \frac{cg_0P\delta}{\omega BA_{\text{eff}}} \sum_{n=-B/2\delta}^{B/2\delta} \frac{i\Gamma_B^2}{\Gamma_B^2 + 4(\nu+n\delta)^2} + \frac{c\delta g_0P}{\omega BA_{\text{eff}}} \sum_{n=-B/2\delta}^{B/2\delta} \frac{\Gamma_B(\nu+n\delta)}{\Gamma_B^2 + 4(\nu+n\delta)^2}$$

$$(7\text{-}5)$$

由式(7-3)及式(7-5)可以得出斯托克斯波的增益 G、相对折射率 n_s，群折射率 n_g 分别表示为

$$G = -\frac{\omega}{c}\text{Im}(\tilde{n}_s) = \frac{g_0P\delta}{BA_{\text{eff}}} \sum_{n=-B/2\delta}^{B/2\delta} \frac{\Gamma_B^2}{\Gamma_B^2 + 4(\nu+n\delta)^2} \qquad (7\text{-}6a)$$

$$n_s = \text{Re}(\tilde{n}_s) = n_0 + \frac{cg_0\delta P}{\omega BA_{\text{eff}}} \sum_{n=-B/2\delta}^{B/2\delta} \frac{\Gamma_B(\nu+n\delta)}{\Gamma_B^2 + 4(\nu+n\delta)^2} \qquad (7\text{-}6b)$$

$$n_g = n_s + \omega\frac{dn_s}{d\omega} = n_0 + \frac{cg_0P\delta\Gamma_B}{BA_{\text{eff}}} \sum_{n=-B/2\delta}^{B/2\delta} \frac{\Gamma_B^2 - 4(\nu+n\delta)^2}{[\Gamma_B^2 + 4(\nu+n\delta)^2]^2} \qquad (7\text{-}6c)$$

经过长度为 L 的光纤后，由式(7-6c)可以得出脉冲信号的延迟 ΔT_d 为

$$\Delta T_d = \frac{L}{c}(n_g - n_0) = \frac{Lg_0P\delta\Gamma_B}{BA_{\text{eff}}} \sum_{n=-B/2\delta}^{B/2\delta} \frac{\Gamma_B^2 - 4(\nu+n\delta)^2}{[\Gamma_B^2 + 4(\nu+n\delta)^2]^2} \qquad (7\text{-}7)$$

化简式(7-6)和式(7-7)可以得出

$$\frac{G}{g_0P/A_{\text{eff}}} = \frac{\delta}{B} \sum_{n=-B/2\delta}^{B/2\delta} \frac{\Gamma_B^2}{\Gamma_B^2 + 4(\nu+n\delta)^2} \qquad (7\text{-}8a)$$

$$\frac{(n_s-n_0)\omega}{cg_0P/A_{\text{eff}}}=\frac{\delta}{B}\sum_{n=-B/2\delta}^{B/2\delta}\frac{\Gamma_B(\nu+n\delta)}{\Gamma_B^2+4\ (\nu+n\delta)^2} \tag{7-8b}$$

$$\frac{n_g-n_0}{cg_0P/A_{\text{eff}}}=\frac{\delta\Gamma_B}{B}\sum_{n=-B/2\delta}^{B/2\delta}\frac{\Gamma_B^2-4\ (\nu+n\delta)^2}{[\Gamma_B^2+4\ (\nu+n\delta)^2]^2} \tag{7-8c}$$

$$\frac{\Delta T_d}{Lg_0P/A_{\text{eff}}}=\frac{\delta\Gamma_B}{B}\sum_{n=-B/2\delta}^{B/2\delta}\frac{\Gamma_B^2-4\ (\nu+n\delta)^2}{[\Gamma_B^2+4\ (\nu+n\delta)^2]^2} \tag{7-8d}$$

在计算中,若取单模光纤的长度 $L=24\text{km}$,泵浦波长 $\lambda=1550\text{nm}$,光纤的有效面积 $A_{\text{eff}}=50\mu\text{m}^2$,布里渊增益系数 $g_0=5\times10^{-11}\text{m/W}$,布里渊增益谱的带宽 $\gamma=\Gamma_B/2\pi=35\text{MHz}$,光纤的损耗 $\alpha=0.2\text{dB/km}$ 及总的布里渊增益谱的带宽 $B=1\text{GHz}$。根据式(7-8)可以得出在不同纵模个数下,斯托克斯光的归一化增益、相对折射率、群折射率和归一化的延迟,分别如图 7-2~图 7-7 所示。当总的布里渊增益谱带宽 $B=1\text{GHz}$ 一定,纵模间隔不同时,斯托克斯光的归一化增益、相折射率、群折射率和归一化延迟图,如图 7-8~图 7-11 所示。

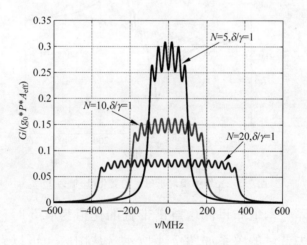

图 7-2　光纤中归一化的增益(比值为 1)

图 7-2 是当纵模间隔等于光纤的本征布里渊散射谱宽(普通单模光纤的增益谱宽约为 35MHz)时,不同纵模个数下的归一化布里渊散射增益与频率失谐量的关系图。从图 7-2 可以看出,当纵模间隔等于本征布里渊谱宽时,随着纵模个数的增加,布里渊散射增益谱的带宽逐渐增加,这说明了纵模间隔一定,增加纵模的个数可以增加总的布里渊增益谱带宽;随着纵模个数的增加,布里渊增益的大小逐渐减小;在该纵模间隔的情况下,布里

渊增益谱出现波动的现象,且随着纵模个数的增加布里渊增益谱的波动逐渐减小,这是因为随着纵模个数的增加,增益谱带宽的增加,进而减小了增益谱的波动。可见,增加纵模的个数有益于获得宽带稳定的布里渊增益谱。

  图 7-3 是在纵模间隔等于本征布里渊增益谱带宽(普通单模光纤约为 35MHz)时,相对折射率与频率失谐量的关系图。从图 7-3 可以看出,当纵模间隔等于光纤本征布里渊增益谱带宽时,随着纵模个数的增加,布里渊散射的增益谱带宽逐渐增加;在该纵模间隔的情况下,相对折射率同样出现了波动的现象,且随着纵模个数的增加,相对折射率的波动逐渐减小。可见,增加纵模的个数有益于增加布里渊增益谱的带宽,同时有益于减小光纤中相对折射率的波动。

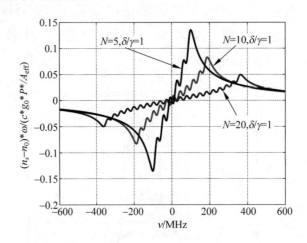

图 7-3 光纤中相对折射率的变化(比值为 1)

  当纵模间隔与本征布里渊增益谱带宽的比值为 0.5 时,归一化布里渊增益谱与频率失谐量的关系如图 7-4 所示。从图 7-4 可以看出,当纵模间隔与本征布里渊增益谱带宽的比值为 0.5 时,随着纵模个数的增加,布里渊散射的增益谱带宽逐渐增加,增益的大小逐渐减小;而随着纵模个数的改变,布里渊增益谱的波动可以忽略。

  当纵模间隔与本征布里渊增益谱带宽的比值为 0.5 时,归一化的布里渊相对折射率与频率失谐量的关系如图 7-5 所示。从图 7-5 中可以看出,在纵模间隔与本征布里渊增益谱带宽的比值为 0.5 时,随着纵模个数的增加,布里渊增益谱的带宽逐渐增加,且相对折射率的幅度随着纵模个数的

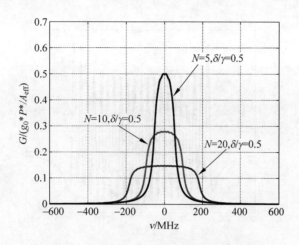

图 7-4　光纤中归一化的增益(比值为 0.5)

增加而减小；在该纵模间隔的情况下，相对折射率没有出现波动的现象。

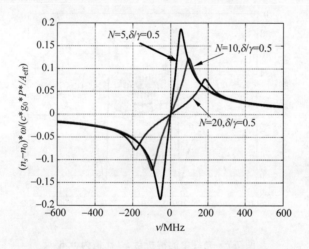

图 7-5　光纤中相对折射率的变化(比值为 0.5)

　　当纵模间隔与本征布里渊增益谱带宽的比值为 1 时，归一化群折射率与频率失谐量的关系如图 7-6 所示。从图 7-6 中可以看出，随着纵模个数的增加，增益谱带宽逐渐增加；而此时群折射率的波动随着纵模个数的增加逐渐增加。

　　当纵模间隔与本征布里渊增益谱带宽的比值为 0.5 时，归一化群折射率与频率失谐量的关系如图 7-7 所示。从图 7-7 中可以看出，当纵模间隔与本征布里渊增益谱带宽的比值为 0.5 时，随着纵模个数的增加，群折射率也逐渐增加，增益谱的宽度逐渐增加。

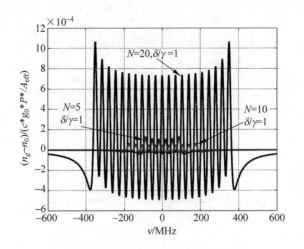

图 7-6 光纤中的群折射率（比值为 1）

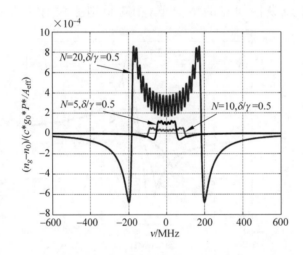

图 7-7 光纤中的群折射率（比值为 0.5）

为了分析增益谱带宽一定时,布里渊增益与群折射率的变化情况,我们计算了当增益谱带宽为 1GHz 时,随着纵模间隔与本征布里渊增益谱带宽的比值变化,归一化布里渊增益与频率失谐量的关系如图 7-8 所示。从图 7-8 可以看出,在增益谱带宽为 1GHz 的情况下,当纵模间隔与本征布里渊增益谱带宽的比值为 1 时,归一化布里渊增益出现较大的波动,这个波动将导致信号产生扭曲,而当比值为 0.5 和 0.2 时增益的波动可以忽略。由此可见,选择合适的纵模间隔可以减小布里渊增益谱的波动,确保信号的信噪比。

图 7-9 是当增益谱带宽为 1GHz 时,随着纵模间隔与本征布里渊谱带

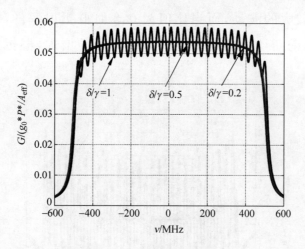

图 7-8　光纤中归一化的增益

宽的比值变化,归一化相对折射率与频率失谐量的关系。从图 7-9 可以看出,在增益谱带宽为 1GHz 的情况下,当纵模间隔与本征布里渊增益谱带宽的比值为 1 时,归一化相对折射率出现较大的波动,这个波动将导致信号产生扭曲,而当比值为 0.5 和 0.2 时相对折射率的波动可以忽略。由此可见,选择合适的纵模间隔可以减小相对折射率的波动,确保信号的信噪比。

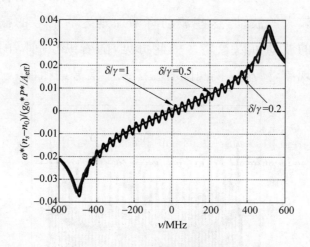

图 7-9　光纤中的相对折射率

当增益谱带宽为 1GHz 时,随着纵模间隔与本征布里渊增益谱带宽的比值变化,归一化群折射率与频率失谐量的关系如图 7-10 所示。从图 7-10 可以看出,当纵模间隔与本征布里渊增益谱带宽的比值为 1 时,归一化的群折射率出现较大的波动,而当比值为 0.2 时群折射率的波动可以忽略。由此可见,这与前面计算的结果随着纵模间隔的增加,群折射率的波动逐渐增加相符合。

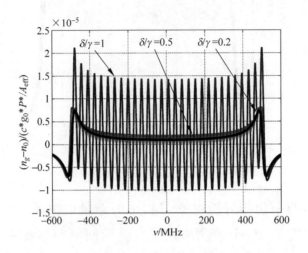

图 7-10 光纤中群折射率

当布里渊增益谱带宽为 1GHz 时,随着纵模间隔与本征布里渊增益谱带宽的比值变化,归一化的延迟与频率失谐量的关系如图 7-11 所示。从图 7-11 可以看出,当纵模间隔与本征布里渊增益谱带宽的比值为 1 时,信号的延迟出现较大的波动,这些波动将增加延迟后信号的噪声,而当比值为 0.2 时延迟的波动可以忽略。由此可见,随着纵模间隔的增加,信号的延迟出现波动现象,减小纵模间隔有益于减小信号的扭曲。

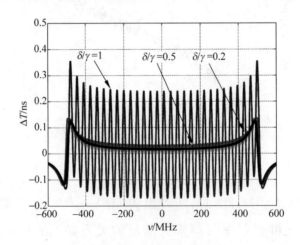

图 7-11 光纤中脉冲延迟的变化

　　通过上面的计算,可以得出归一化布里渊增益的波动与纵模间隔和本征布里渊增益谱带宽的比值关系如图 7-12 所示,信号延迟的波动与纵模间隔和本征布里渊增益谱带宽的比值关系如图 7-13 所示。

　　从图 7-12 可以看出,随着纵模间隔和本征布里渊增益谱带宽比值的增加,归一化布里渊增益的波动逐渐增加,当该比值大于 0.4 时,增益的波动迅速增加,当比值小于 0.4 时,增益的波动比较小,可以忽略。从图 7-13 可以看出,随着纵模间隔和本征布里渊增益谱带宽比值的增加,延迟的波动逐渐增加,当比值大于 0.4 时,延迟的波动迅速增加,当该比值小于 0.4 时,延迟的波动较小,可以忽略。结合布里渊增益谱波动与延迟波动的计算结果可以看出,当纵模间隔与本征布里渊增益谱带宽的比值小于 0.4 时,增益与延迟的波动都可以忽略。对于本征布里渊增益谱带宽为 35MHz 的普通单模光纤,多纵模激光器的纵模间隔必须小于 14MHz 才能有效地降低信号增益与延迟的波动。

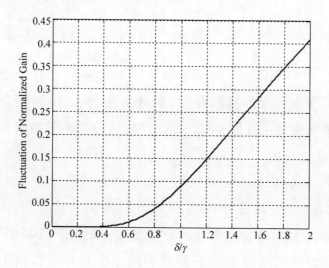

图 7-12　归一化的增益变化与纵模间隔的关系

　　在通信系统中,对于信号的速度控制研究而言,最有意义的莫过于脉冲在介质中传播能达到多快或多慢的速度。在通过信号速度控制介质时,脉冲不可避免地要经历较大色散,这必将造成脉冲畸变。脉冲产生畸变后会使得通信系统误码率上升,所以脉冲畸变成为限制速度控制技术的一个因素,其影响不可忽视。由前面的论述可以知道,若光脉冲的中心频率为 ω_0,那么波矢 k 可以展开为[4]

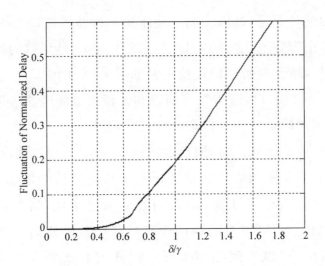

图 7-13 归一化的延迟变化与纵模间隔的关系

$$k = k_0 + k_1 (\omega - \omega_0) + \frac{1}{2} k_2 (\omega - \omega_0)^2 + \cdots \tag{7-9}$$

$$k_1 = \frac{\mathrm{d}k}{\mathrm{d}\omega} \Big|_{\omega - \omega_0} = \frac{1}{v_g} = \frac{n_g}{c} \tag{7-10}$$

$$k_2 = \frac{\mathrm{d}^2 k}{\mathrm{d}\omega^2} \Big|_{\omega - \omega_0} = \frac{\mathrm{d}(1/v_g)}{\mathrm{d}\omega} = \frac{1}{c} \frac{\mathrm{d}n_g}{\mathrm{d}\omega} \tag{7-11}$$

对于满足变换极限的高斯脉冲（脉冲宽度为 T_0），当其在介质中的传播距离小于色散长度 $L_D(L_D = T_0^2 / |k_2|)$ 时，脉冲几乎无展宽地以群速度 v_g 传播，如果传播更长的距离（或者更短的脉宽），脉冲会发生展宽，但是仍然保持高斯型[31]，同时脉冲引入线性啁啾，如图 7-14 所示。当考虑展开式(7-9)中的高阶项，且脉冲传播距离大于特征长度 $L_D^1(L_D^1 = T_0^3 / |k_3|$，$k_3 = (\mathrm{d}^3 k)/(\mathrm{d}\omega^2))$ 时，脉冲会产生严重的畸变，如图 7-15 所示。

下面考虑多纵模泵浦下布里渊散射慢光的信号展宽情况。若入射光脉冲信号的幅度为 $A(\omega, 0)$，经过一个线性系统后，输出的脉冲信号幅度 $A(\omega, L)$ 在频域上可以表示为

$$A(\omega, 0) = A\exp\left(-\frac{1}{2}\omega^2 T_0^2\right) \tag{7-12a}$$

$$A(\omega, L) = A(\omega, 0)\exp(ik(\omega)L) \tag{7-12b}$$

其中 L 为光纤的长度，$k(\omega)$ 是与频率 ω 有关的复波数，由式(7-4)和式(7-12)可以得出脉冲信号经过多纵模泵浦后的幅度为

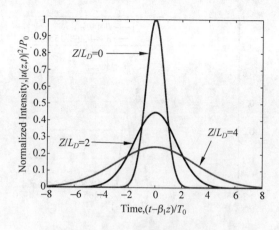

图 7-14 光纤中的高斯脉冲波形

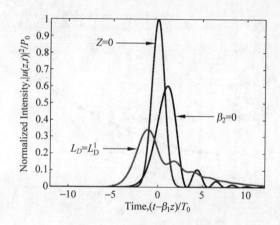

图 7-15 高斯脉冲的高阶色散

$$A(\omega,L) = A\exp\left(-\frac{1}{2}\nu^2 T_0^2\right)\exp\left[iL\left(\frac{\omega}{c}n_0 - \frac{g_0 P\delta}{BA_{\text{eff}}}\sum_{n=-B/2\delta}^{B/2\delta}\frac{i}{1-i2(\nu+n\delta)/\Gamma_B}\right)\right]$$

$$(7\text{-}13)$$

在计算中,若取光纤长度 $L=24\text{km}$,入射光的波长 $\lambda=1550\text{nm}$,光纤折射率 $n_0=1.45$,光纤的有效面积 $A_{\text{eff}}=50\mu\text{m}^2$,布里渊增益系数 $g_0=5\times10^{-11}\text{m/W}$,单模光纤的本征布里渊增益谱带宽 $\Gamma_B/(2\pi)=35\text{MHz}$,光纤的损耗 $\alpha=0.2\text{dB/km}$,总的增益谱带宽 $B=1\text{GHz}$ 及半高宽为 $T_0=1\text{ns}$ 的高斯脉冲,不同泵浦功率下的脉冲时域图如图 7-16 所示,在不同纵模间隔下信号展宽的关系如图 7-17 所示。

从图 7-16 可以看出,当纵模间隔与本征谱线宽度的比值为 0.4,高斯信号经过 15dBm 泵浦后,信号在时间上产生了延迟,且在信号的后端产生

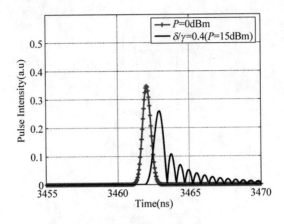

图 7-16 高斯脉冲的波形

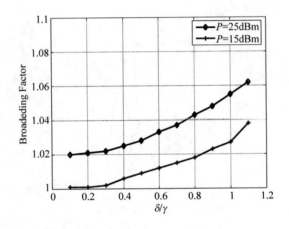

图 7-17 脉冲展宽因子与纵模间隔的关系

多个色散峰,这些色散峰将引起信号的展宽,增加了信号延迟后的误码率。从图 7-17 可以看出,随着纵模间隔的增加,信号的展宽因子逐渐增加,当纵模间隔与本征布里渊谱宽的比值小于 0.3 时,信号的展宽较小,可以忽略。在相同纵模间隔的情况下,随着泵浦功率的增加,信号的展宽也逐渐增加,但是纵模间隔与本征布里渊谱宽的比值仍然是小于 0.3 时信号的展宽较小。为了减小信号的展宽,结合纵模间隔对信号布里渊增益谱和延迟的波动以及脉冲展宽的影响,在纵模间隔的选取上,要求纵模间隔与本征布里渊谱宽的比值要小于 0.3。为了保证信号延迟后的波动与展宽较小的前提下,对于本征布里渊增益谱的宽度约为 35MHz 的普通单模光纤,纵模间隔要求小于 10MHz。

7.2　基于布里渊散射效应的单通道通信信号速度控制系统实验研究

7.2.1　半导体光放大器性能分析

考虑如图 7-18 所示的半导体材料,通过泵浦形成了一个非热平衡的稳定状态,受激形成的高密度电子和空穴在同一空间内同时存在,这些可通过准费米能级 E_{Fc} 和 E_{Fv} 来表示,准费米能级受带电载流子浓度和温度的影响。

若角频率为 ω_0 的一束光进入到半导体材料中,令 a 代表导带中的电子态,b 代表价带中的电子态。在这束光的激发下,将会诱导 $a \to b$ 的跃迁,从而导致光的放大,同时也会发生 $b \to a$ 的吸收跃迁。如果 $a \to b$ 的跃迁速率超过了 $b \to a$ 的跃迁速率,入射光将产生光的放大作用,否则将产生光的吸收作用。

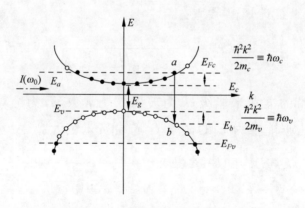

图 7-18　半导体介质能级示意图

半导体光放大器(semiconductor optical amplifier,SOA)就是利用上述光的放大过程而工作的器件,图 7-19 给出了一个简单的半导体光放大器的结构示意图。它的结构类似于一个无反馈或反馈量不足以引起激射的 Fabry-Perot 腔半导体激光器,其基本结构是由一个半导体 PN 结构成。在其输入、输出的两个端面镀上抗反射膜,这样即使注入的电流超过激射阈值,SOA 也不会建立有效的激光振荡,而只能表现出对输入光的放大作用。半导体放大器还包括数个外延生长的材料层,其中最主要的是有源层,有源层内的载流子是由加在半导体 PN 结上的正向偏置电流注入的。在采用双异质结构的半导体光放大器中,有源层周围是具有较低折射率的宽带隙材料,而有源层的半导体材料通常具有较高折射率和较窄带隙,从而对注入载流子形成有效的抑制,使得器件的注入效率和受激辐射效率大大提高。半导体光放大器的有源层由直接带隙材料制作,在这种结构中导带的最低点与价带的最高点具有相同的动量矢量 k 值,所以在直接带隙材料中,从导带到价带的带间跃迁更容易。

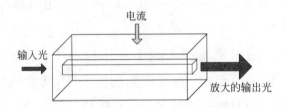

图 7-19　SOA 简化的结构示意图

半导体光放大器工作在偏置状态下时,导带中的电子占据能量为 E 的概率 f_c 符合费米统计规律[32,33]:

$$f_c(E) = \frac{1}{1 + \exp\left(\dfrac{E - E_{Fc}}{kT}\right)} \tag{7-14}$$

式中,E_{Fc} 为导带的准费米能级,k 为玻尔兹曼常数,T 为绝对温度。同样,价带中的空穴占据能量为 E 的概率 f_v 符合费米统计规律:

$$f_v(E) = 1 - f_c(E) = \frac{1}{1 + \exp\left(\dfrac{E_{Fv} - E}{kT}\right)} \tag{7-15}$$

式中,E_{Fv} 为价带的准费米能级,在抛物线型半导体中,若 m_c 为导带电子的质量,可以得出导带电子态的密度为

$$\rho_c(E) = \frac{1}{2\pi^2} \left(\frac{2m_c}{\hbar^2}\right)^{3/2} \sqrt{E} \tag{7-16}$$

导带电子浓度 n 等于电子态浓度与占据概率在所有能量状态的积分,可以表示为

$$n = \frac{1}{2\pi^2}\left(\frac{2m_c}{\hbar^2}\right)^{3/2}\int_0^\infty \frac{\sqrt{E}}{1+\exp[(E-E_{Fc})/kT]}\mathrm{d}E \qquad (7\text{-}17)$$

类似的价带空穴浓度 p 也可以表示成式(7-18)

$$p = \frac{1}{2\pi^2}\left(\frac{2m_v}{\hbar^2}\right)^{3/2}\int_0^\infty \frac{\sqrt{E}}{1+\exp[(E_{Fv}-E)/kT]}\mathrm{d}E \qquad (7\text{-}18)$$

式中，m_v 为价带空穴的质量，如果已知 n 和 p，则可以通过式(7-17)和式(7-18)得到 E_{Fc} 和 E_{Fv}，大多数情况下在高载流子浓度的 SOA 中，导带电子浓度 n 等于价带空穴浓度 p，则费米能级也可以通过 Nilsson 近似得到

$$\begin{cases} E_{Fc} = \left\{\ln\delta + \delta\left[64 + 0.05524\delta(64+\sqrt{\delta})\right]^{1/4}\right\}kT \\ E_{Fv} = \left\{\ln\varepsilon + \varepsilon\left[64 + 0.05524\varepsilon(64+\sqrt{\varepsilon})\right]^{1/4}\right\}kT \end{cases} \qquad (7\text{-}19)$$

$$\delta = \frac{n}{n_c}, \varepsilon = \frac{p}{p_v} \qquad (7\text{-}20)$$

$$n_c = 2\left(\frac{m_c kT}{2\pi\,\hbar^2}\right)^{3/2}, n_v = 2\left(\frac{m_{dh}kT}{2\pi\,\hbar^2}\right)^{3/2}, m_{dh} = (m_{hh}^{3/2} + m_{lh}^{3/2})^{2/3} \qquad (7\text{-}21)$$

式中，m_{hh} 和 m_{lh} 为价带中重空穴和轻空穴的有效质量，对于二能级系统，频率为 ν 的光增益可以表示为

$$g_m(\nu) = \frac{A_{21}c^2 l(\nu)(N_2 - N_1)}{8\pi n_r^2 \nu^2} \qquad (7\text{-}22)$$

式中，N_1 和 N_2 分别为单位体积内上下能级的粒子数，A_{21} 为自发辐射的系数，c 为真空中的光速，n_r 为介质折射率，$l(\nu)$ 为线型函数。上述公式可以推广到半导体内导带与价带能级的跃迁过程中，导带能级 E_a 和价带能级 E_b 具有相同形式的动量矢量，可以表示为

$$E_a - E_b = h\nu - E_g = \frac{\hbar^2 k^2}{2m_c} + \frac{\hbar^2 k^2}{2m_v} \qquad (7\text{-}23)$$

$$E_a = (h\nu - E_g)\frac{m_{hh}}{m_c + m_{hh}}, \quad E_b = (E_g - h\nu)\frac{m_c}{m_c + m_{hh}} \qquad (7\text{-}24)$$

因为重空穴具有更大的有效质量，所以式(7-24)只考虑了重空穴。为了将光增益应用到半导体材料上，将 $N_2 - N_1$ 用从导带能级 E_a 到价带能级 E_b 的净跃迁速率代替，那么从导带 E_a 到价带 E_b 在频率间隔 $\mathrm{d}\nu_0$ 的跃迁速率可以表示为

$$dR_{CB \to VB} = \rho_B(\nu_0) f_c(E_a)[1 - f_v(E_b)]d\nu_0 \tag{7-25}$$

式中,$\rho_B(\nu_0)$是在跃迁频率 ν_0 处的导带与价带之间约化态密度,在抛物型的半导体中,其表达式可以表示为

$$\rho_B(\nu_0) = \frac{1}{\sqrt{\pi}} \left(\frac{2m_c m_{hh}}{\hbar(m_c + m_{hh})} \right)^{3/2} \sqrt{\nu_0 - \frac{E_g}{h}} \tag{7-26}$$

同上面分析的一样,$E_b \to E_a$ 的跃迁速率可以表示为

$$dR_{VB \to CB} = \rho_B(\nu_0) f_v(E_b)[1 - f_c(E_a)]d\nu_0 \tag{7-27}$$

因此,可以得出 $E_a \to E_b$ 的跃迁速率为:

$$d(N_2 - N_1) = dR_{CB \to VB} - dR_{VB \to CB}$$
$$= \rho_B(\nu_0)[f_c(E_a) - f_v(E_b)]d\nu_0 \tag{7-28}$$

将式(7-28)代入光增益的表达式,并用 dg 代替 g,对应跃迁频率间隔 $d\nu_0$ 的增益系数就可以表示为

$$dg_m(\nu) = \frac{A_{21} c^2}{8\pi n_r^2 \nu^2} l(\nu) \rho(\nu_0)[f_c(E_a) - f_v(E_b)]d\nu_0 \tag{7-29}$$

为了能够得到整个跃迁频率内的增益系数,对式(7-29)进行积分后得出

$$g_m(\nu) = \frac{A_{21} c^2}{8\pi n_r^2 \nu^2} \int_{-\infty}^{\infty} l(\nu) \rho(\nu_0)[f_c(E_a) - f_v(E_b)]d\nu_0 \tag{7-30}$$

$$l(\nu) = \frac{\Delta\nu}{2\pi[(\nu - \nu_0)^2 + (\Delta\nu/2)^2]} \tag{7-31}$$

$$\Delta\nu = \frac{1}{\pi\tau_{in}} \tag{7-32}$$

式中,τ_{in} 为带内豫驰时间,对于通常的半导体材料,其值约为 $1\sim2\text{ps}$。在忽略能级展宽的情况下,$l(\nu)$可以用 $\delta(\nu - \nu_0)$ 代替,那么 $g_m(\nu)$ 可以表示为

$$g_m(\nu) = \frac{c^2}{4\sqrt{2}\,\pi^{3/2} n_r^2 \nu^2 \tau_{rad}} \left[\frac{2m_c m_{hh}}{\hbar(m_c + m_{hh})} \right]^{3/2} \times [f_c(E_a) - f_v(E_b)] \sqrt{\nu - \frac{E_g}{h}} \tag{7-33}$$

式中,τ_{rad} 为载流子的自发辐射寿命,可以表示为 $\tau_{rad} = 1/A_{21}$。

由于半导体光放大器的有源区为狭长的结构,所以有源区内任何一处都可能发生自发辐射,辐射产生的光子中的一部分可与外部信号光一样沿着有源区长度的方向产生受激放大,从端面输出的这部分光则成为放大自

发辐射噪声。经过同样的分析可以得出从导带到价带的自发辐射的表达式 $R_{sp}(\nu)$：

$$R_{sp}(\nu) = \frac{c^2}{4\sqrt{2}\,\pi^{3/2}n_r^2\nu^2\tau_{\mathrm{rad}}}\left[\frac{2m_c m_{hh}}{\hbar(m_c+m_{hh})}\right]^{3/2}f_c(E_a)\left[1-f_v(E_b)\right]\sqrt{\nu-\frac{E_g}{h}}$$

$$(7\text{-}34)$$

发光物质是由大量发光粒子组成，物质发光不仅与活性原子或离子本身物理性质有关，而且还与构成物质的粒子相互作用及基质材料有关。因为物质发光是群体表现，而组成物质的发光粒子本身不是孤立或静止的，它们不仅处于运动中而且之间也存在着能量的交换。它们还受到外界电磁场的影响，发光粒子与构成物质的粒子之间也存在着相互作用，这种作用的存在并不是均匀一致的，这就造成了原子能级是具有一定宽度的谱线。实际上，自发辐射光谱的宽度并不是原子光谱的谱宽，这就是谱线展宽。谱线展宽的物理机制很多，均匀展宽和非均匀展宽是与激光振荡密切相关的两种谱线展宽，图 7-20 是均匀展宽与非均匀展宽谱线的示意图[32,33]，其中图 7-20(a)、图 7-20(b) 和图 7-20(c) 是单个原子的展宽谱线；图 7-20(d)、图 7-20(e) 和图 7-20(f) 是组成物质的 n 个原子的展宽谱线；图 7-20(a) 和图 7-20(d) 是孤立的原子谱线；图 7-20(b) 和图 7-20(e) 是均匀展宽；图 7-20(c) 和图 7-20(f) 是非均匀展宽；V_N 为孤立的原子谱线宽，V_{home} 为均匀展宽谱线宽，V_{inhom} 为非均匀展宽谱线宽。

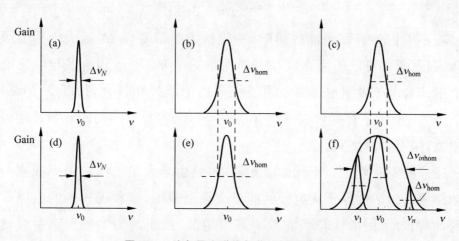

图 7-20　均匀展宽谱线与非均匀展宽谱线

1. 均匀展宽

谱线均匀展宽是由组成发光物质的活性原子一致性造成,引起谱线均匀展宽的因素对所有活性原子的作用都是相同的,这样发光物质中所有活性原子群体发光的光谱谱线与其中任何一个发光原子辐射的光谱谱线无论从谱形还是中心频率,都是一致的,如图 7-20(b)和图 7-20(e)所示。

均匀展宽的形成机制主要有自然展宽、碰撞展宽和晶格振动展宽三种。

自然展宽是孤立原子的发光属性,即原子谱线的宽度,是所有发光物质普遍具有的特性。根据量子力学的测不准原理,由于受激原子处在激发态时具有有限的时间,若原子激发态寿命为 Δt,在这有限的时间内,其能量并不是确定不变,而是随机地处在它所在能级附近一定的范围内,根据测不准关系可以得出谱线宽度为

$$\Delta \nu_N \cong \frac{1}{2\pi\Delta t} \tag{7-35}$$

式(7-35)即是自然展宽的谱线宽度,实际上,能级展宽存在于所有能级,如果再考虑基态的能级寿命 $\Delta t'$,那么自然展宽谱线的宽度为

$$\Delta \nu_N \cong \frac{1}{2\pi\Delta t} + \frac{1}{2\pi\Delta t'} \tag{7-36}$$

若不考虑外界强泵浦的影响,一般认为基态寿命 $\Delta t'$ 远大于高能级的寿命,因而通常可以不考虑式(7-36)中的第二项,那么其结果与经典电子模型中认为电子做阻尼振荡辐射波推导出的结果相符合,如图 7-20(a)和图 7-20(d)所示。在晶体或玻璃介质中,Stark 能级之间的跃迁与其能级寿命相关,属于自然展宽。

碰撞展宽一般存在于气体激光器中,是由于大量气体粒子无规则的热运动碰撞引起活性原子或离子的能量交换造成的,这种无规则的碰撞是随机的,因而对所用活性粒子的影响是均匀的,属于均匀展宽。而一般气体激光器中由于碰撞展宽引起的谱宽 $\Delta \nu_L \gg \Delta \nu_N$,所以在气体激光器中碰撞展宽是主要的展宽形式。

晶格振动展宽多存在于固定激光器中，由于晶格振动对所有活性粒子的影响基本相同，所以属于均匀展宽，固体激光器和稀土掺杂光纤中的均匀展宽以晶格振动展宽为主。

2. 非均匀展宽

非均匀展宽是由于发光物质中活性粒子的种类、材料的晶格缺陷等非均匀性引起的，另外，还有一种主要的非均匀展宽是多普勒展宽。非均匀展宽实际是众多具有不同中心频率的均匀展宽谱线的叠加，而不同中心频率的均匀展宽谱线都与不同的活性粒子相对应，所以又称之为谱包络，如图 7-20(f)所示。

多普勒展宽是由于作热运动的发光粒子与辐射光波相互作用的结果，与声学多普勒(Doppler-effect)的概念类似，光学多普勒效应是指光波频率相对于运动中的发射粒子或接收粒子的频率变化，而粒子的振动频率与以它为参考的光波频率相近时，才可以达到最大的相互作用，从而使粒子之间的能量转移，而发光物质中的发光粒子所处的能级不同，从而出现粒子之间的差异，引起辐射谱线展宽的不同。

材料不均匀性引起的谱线展宽则由于发光粒子所处的晶格差异或晶格缺陷，使得不同的粒子具有不同的中心振动频率，其能级也将发生不同的位移，从而引起谱线展宽。

稀土粒子处在受主玻璃中时，受晶格电场的束缚形成 Stark 能级分裂，Stark 能级分裂导致的谱线展宽根据情况不同可以是均匀展宽也可以是非均匀展宽。在有序的结构材料中，掺杂粒子在晶格中的位置一样，是均匀展宽，而在有缺陷、错位或晶体中晶格不纯的材料中，认为是非均匀展宽。在稀土掺杂光纤中，这个 Stark 分裂过程本身引起的是谱线的非均匀展宽，而 Stark 能级之间由于声子的产生引起能量交换，这其中谱线展宽是均匀展宽。对于具体的增益介质而言，均匀展宽与非均匀展宽这两种展宽机制一般都同时存在，只不过所占的地位或者说表现出来的谱线相对宽度不同，有的是以均匀展宽为主，如室温下的掺铒光纤放大器；有的是以非均匀展宽为主，如在半导体光放大器 SOA 中；有的是两种机制相当，而且在不同的环境下也会有不同的表现。均匀展宽的谱线一般具有洛伦兹线型，而由光学多普勒效应引起的非均匀展宽的谱线一般具有高斯型,如图 7-20 所示。由于碰撞展宽和晶格振动展宽与粒子的热运动有关,而且温度对其影响均等,所以均匀展宽与温度有关,而非均匀展宽本质上与温度无关。

由前面的讨论可知,自发辐射发光不是线宽无限窄的纯单色光,而是存在一定频谱宽度 $\Delta\nu$,它以某频率为中心左右展开,所以其功率主要集中分布在一定的频率范围内,某一频率现对应的不再是功率,而是功率密度 $P(\nu)$,它是频率的函数,因此自发辐射光功率实际上可以表示为

$$P = \int_{-\infty}^{\infty} P(\nu)\,\mathrm{d}\nu \tag{7-37}$$

所以功率密度($P(\nu)$)的函数形式是描述光频谱展宽特征和功率分布的基础,根据定义则可以得出

$$\bar{g}(\nu, \nu_0) = \frac{P(\nu)}{P} \tag{7-38}$$

$$\int_{-\infty}^{\infty} \bar{g}(\nu, \nu_0)\,\mathrm{d}\nu = 1 \tag{7-39}$$

则函数 $\bar{g}(\nu, \nu_0)$ 就是归一化的光功率密度的分布函数,称为谱线的线型函数。若定义 $\bar{g}(\nu, \nu_0)$ 最大值一半的频谱宽度为 $\Delta\nu$,即为谱线宽度,也可以称为 FWHM(full width at half maximum)谱宽,如图 7-21 所示。对于上面讨论的不同展宽机制,其频谱线型函数具有不同的分布,自然展宽是洛伦兹线型,而多普勒展宽则服从高斯分布。

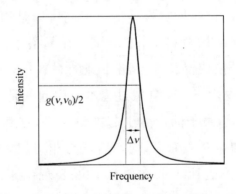

图 7-21　线型函数与谱线宽度

7.2.2　实验装置

可调谐宽带布里渊泵浦通信控制系统的实验装置如图 7-22 所示。布里渊泵浦是一个基于半导体光放大器（SOA）的环形腔激光器，如图 7-22 中的虚线框所示，它包括偏振控制器（PC）、半导体光放大器（SOA）、可调谐光滤波器（OCTF）、两个光隔离器（ISO）、可变光衰减器（VOA1）和一个光耦合器（80∶20）。可调谐光滤波器（OCTF）的波长可调谐范围约为 1510~1570nm，其3dB 带宽约为 0.12nm，该可调谐光滤波器决定了环形腔激光器的输出波长和激光谱形。在环形腔中，可变光衰减器（VOA1）被用来改变环形腔的损耗以便改变环形腔激光器的激光谱宽。从耦合器（Coupler1）20％的输出端输出的激光首先进入掺铒光纤放大器（EDFA）的输入端进行放大后作为布里渊泵浦光源，放大后的泵浦光经环形器（OC1）进入 24km 的普通单模光纤中产生布里渊散射。窄线宽可调谐激光光源（TLS）发出的光经过偏振控制器（PC）后进入电光调制器（EOM），电光调制器由脉冲码型产生器（Pulse Pattern Generator）驱动产生所需的信号脉冲。为了防止高功率的泵浦信号进入电光调制器中，在电光调制器与单模光纤之间增加了光隔离器。泵浦信号在单模光纤中产生的斯托克斯光信

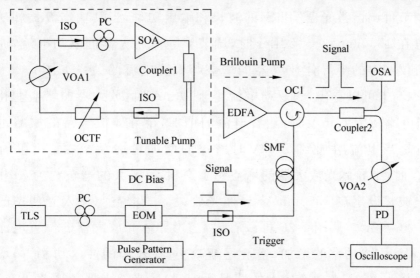

图 7-22　可调谐布里渊泵浦通信控制系统的实验装置

号的波长等于信号光的波长时,信号就会被放大且产生延迟,被放大的信号经环形器(OC1)的第三个端口输出到耦合器(Coupler2),其中一路信号进入到光谱分析仪(OSA),另一路信号经可变光衰减器(VOA2)后进入光电检测器转换成电信号,电信号经示波器进行采集分析。

7.2.3　实验结果与分析

SOA 性能测试装置如图 7-23 所示,窄线宽可调谐激光器(TLS)发出的光进入半导体光放大器的输入端,利用光谱分析仪(OSA)测量输出光波的性能。

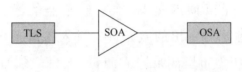

图 7-23　SOA 性能测试装置

若关掉可调谐激光器(TLS)的输出,则测量的是半导体光放大器(SOA)的自发辐射谱。当半导体光放大器的驱动电压设置在 80mA 时,获得的放大自发辐射谱如图 7-24 所示,从图 7-24 可以看出,该半导体光放大器的中心波长为 1532nm,3dB 带宽约为 66.96nm。

调节可调谐激光器(TLS)的波长和输出功率,当其输出波长和功率分别设置在 1550nm 和 -15dBm 时,调节半导体放大器的驱动电流,通过光谱分析仪测得的半导体放大器的增益与偏置电流的关系如图 7-25 所示。从图 7-25 中可以看出,当驱动电流小于 10mA 时,放大器的增益变化量较小;当电流高于 10mA 时,随着电流的增加,半导体放大器的增益迅速增加;但是当电流增加到 50mA 时增益的增加量逐渐变缓;当电流超过 100mA 时,半导体光放大器的增益趋于饱和,且最大的增益约为 21dB。当注入光波长设定在 1550nm,半导体光放大器的增益与注入光功率的关系如图 7-26 所示。从图 7-26 可以看出,当半导体光放大器的偏置电流固定时,随着注入光功率的增加,增益逐渐减小,在较小的注入功率下,增益的改变量较小,注入光功率较大的情况下,半导体光放大器的增益迅速下降,说明半导体光放大器对小信号的增益较大,且增益平稳。在注入光功率一

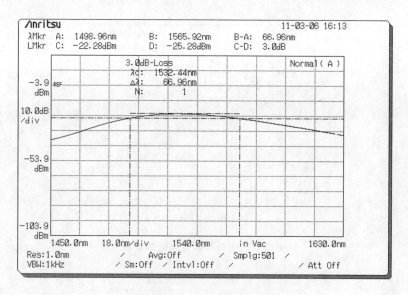

图 7-24　SOA 的自发辐射谱

定时,随着半导体光放大器偏置电流的增加,增益逐渐增加,但是较高的偏置电流下增益的改变量较小,这一点与图 7-25 的结果相吻合。在半导体光放大器小信号增益图 7-26 中,信号增益下降 3dB 时所对应的注入光功率即为半导体光放大器的饱和增益功率,为此,我们得出了在注入光波长为 1550nm 时的饱和输入光功率随半导体光放大器偏置电流的关系,如图 7-27 所示。从图 7-27 中可以看出,随着半导体光放大器偏置电流增加,饱和输入光功率逐渐减小,当偏置电流增加到 90mA 时,饱和输入光功率趋于稳定状态。

对于环形腔激光器,输出激光光谱的纵模间隔可以用式(7-40)表示

$$\Delta f = \frac{c}{nL} \qquad (7\text{-}40)$$

式中,Δf 为纵模间隔,c 为真空中的光速,n 为折射率,L 为环形腔的长度。从式(7-40)可以看出,环形腔激光器的模式间隔与环形腔激光器的腔长以及光纤折射率成反比,且与真空中的光速成正比,折射率和光速在实验中不变,只能通过改变环形腔的腔长来调节环形腔激光器输出光谱的纵模间隔。

由于半导体光放大器的非均匀展宽机制,使得基于半导体光放大器的环形腔激光器可以稳定地运转在多纵模的模式下,再通过调节环形腔的长

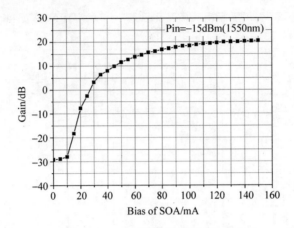

图 7-25 增益与偏置电流的关系

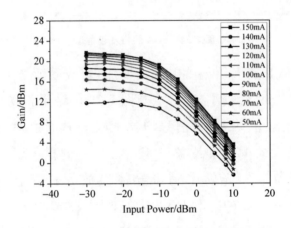

图 7-26 增益与输入功率的关系

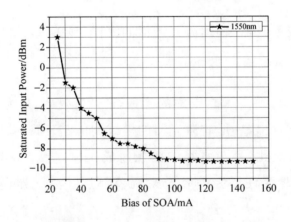

图 7-27 饱和输入功率与 SOA 的偏置电流的关系

度就可以获得一定纵模间隔的多纵模激光器。从前面的理论分析中可知，在纵模间隔与布里渊增益谱带宽的比值小于 0.3 的情况下，就可以获得平滑的布里渊增益谱。因为在实验中，我们选用布里渊谱线宽度约为 35MHz 的普通单模光纤，这就要求纵模间隔要小于 10MHz，根据式（7-40）可知，环形腔激光器的腔长必须大于 30m 才能获得平滑的布里渊增益谱和延迟。为了分析该环形腔激光器的纵模间隔，我们通过频谱分析仪（ESA）直接测量输出的激光光束，获得的纵模间隔如图 7-28 所示，从图 7-28 可以看出，环形腔激光器的纵模间隔约为 6MHz，对应于 33m 的环形腔腔长，根据前面的分析可知，6MHz 的纵模间隔可以形成平滑的布里渊增益谱，在布里渊散射慢光系统中可以减小信号增益与延迟的波动。

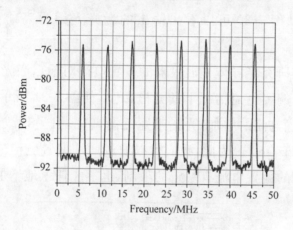

图 7-28　布里渊泵浦的纵模间隔

实验中，我们发现该环形腔激光器的谱宽可以通过改变可调谐滤波器（OCFT）的带宽、半导体光放大器（SOA）的偏置电流以及可变光衰减器（VOA1）的损耗进行调节。由于实验室只有一个固定 3dB 带宽的可调谐光滤波器（OCFT），所以在本实验中不能通过改变滤波器的带宽去改变输出激光的谱宽，只能通过改变半导体光放大器的偏置电流和可变光衰减器的损耗来调节输出激光器的谱宽。为了测量输出激光的频谱，我们通过与窄线宽激光器（TLS 100kHz）的输出光进行差频来获得环形腔激光器的频谱，实验装置图如图 7-29 所示。从环形腔激光器输出的光与窄线宽可调谐光源（TLS）输出的光经 3dB 耦合器（Coupler2）混频后输入高速光电检测器（PD），光电检测器把光信号转换成电信号利用频谱分析仪（ESA）进行分析。

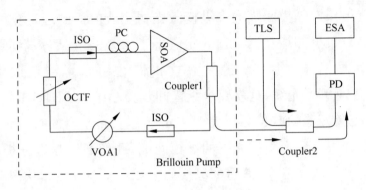

图 7-29　差频检测示意图

当环形腔中不使用可变光衰减器（VOA1），且半导体光放大器的偏置电流为 60mA 时，调节可调谐光源（TLS）的波长，差频输出的激光光谱如图 7-30 所示。从图 7-30 可以看出输出的激光光谱为高斯型，3dB 带宽约为 1.41GHz。

为了进一步研究半导体光放大器的偏置电流对输出激光带宽的影响，我们测量了在不同偏置电流情况下的光谱带宽，如图 7-31 所示。从图 7-31 可以看出，随着偏置电流的增加，光谱带宽逐渐增加，且呈现线性增加的趋势，斜率约为 7.8MHz/mA。为此，我们可以通过增加偏置电流来增加输出光的带宽，由于 SOA 的偏置电流有一定的限制，也不能任意地增加其偏置电流。

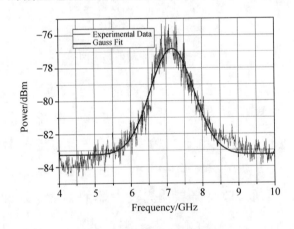

图 7-30　布里渊泵浦的激光频谱

为了获得更大带宽的激光光谱去匹配高速信号的延迟，我们在实验中发现，随着环形腔中损耗的增加，光谱带宽逐渐增加，但并不是呈现线性增加的趋势。当半导体光放大器的偏置电流固定在 120mA，环形腔中的可变

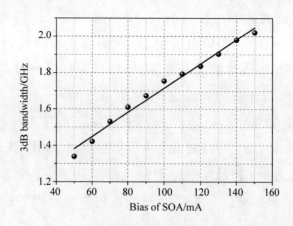

图 7-31　布里渊泵浦的线宽与偏置电流的关系

光衰减器(VOA1)的损耗为 8dB,可调谐光滤波器(OCTF)的波长固定在
1550nm 时,获得的激光频谱如图 7-32 所示,其中虚线是通过高斯拟合后
的曲线。从图 7-32 可以看出,输出的激光频谱为高斯型,3dB 带宽约为
11.5GHz。受激布里渊散射谱的带宽等于布里渊泵浦的带宽与光纤本征
布里渊频谱带宽的卷积,当泵浦带宽远大于本征布里渊频谱宽度时,受激
布里渊谱宽就等于布里渊泵浦的宽度,该泵浦源在普通单模光纤中激发的
布里渊散射谱的带宽约为 11.5GHz,所以该泵浦源可以延迟超过 10Gbit/s
的高速信号。

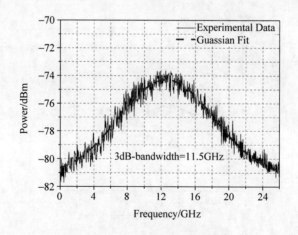

图 7-32　布里渊泵浦的差频图

　　为了测量环形腔激光器的波长可调谐性,我们固定半导体光放大器的
偏置电流为 120mA,可变光衰减器的损耗为 8dB,通过调节可调光滤波器

的偏置电流来改变滤波器的中心波长,获得输出激光的功率与波长的关系如图 7-33 所示。从图 7-33 可以看出,环形腔激光器的波长范围为 1510~1565nm,功率下降 3dB 时的波长范围为 1515~1560nm,说明该激光器的稳定调谐范围为 1520~1555nm 之间的 35nm。为了进一步测量环形腔激光器在调谐范围内的带宽稳定性,我们还测量了带宽与波长的关系,如图 7-34 所示。从图 7-34 可以看出,该环形腔激光器在 45nm 的调谐范围内的带宽波动约为 100MHz,相对于激光器的带宽 11.5GHz 具有比较稳定的性能,这可以确保宽带可调谐布里渊散射慢光延迟的稳定性。

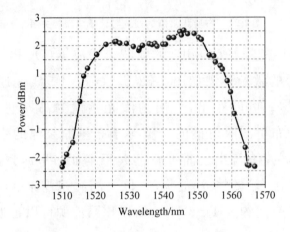

图 7-33　输出激光功率与波长的关系

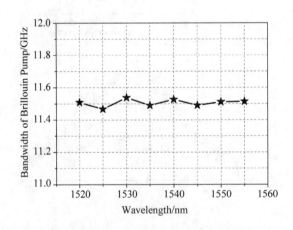

图 7-34　激光 3dB 带宽与波长的关系

由于缺乏更高速率的光电检测器件,实验中只使用 8Gbit/s 的非归零码信号去评价该波长可调谐宽带布里渊散射慢光的性能,但是,我们认为

10Gbit/s 或者更高速率的信号会有相似的实验结果。实验中,我们使用的脉冲波形为"10100000"的非归零码型,不同泵浦功率情况下的信号波形,如图 7-35 所示。从图 7-35 可以看出,随着泵浦功率的增加,信号的延迟增加,当泵浦功率为 17dBm 和 20dBm 时,信号的延迟分别为 83.0ps 和 130.1ps。但是,随着泵浦功率的增加,信号波形曲线逐渐变粗,说明噪声逐渐增加,这主要是因为,在布里渊放大过程中,布里渊自发辐射噪声也逐渐被放大,且该放大的自发辐射噪声不能通过滤波器滤除掉,所以随着泵浦功率的增加,放大的自发辐射噪声逐渐增加,该噪声混叠在信号中,使得信号中的噪声变大,影响了信号的质量。观测图 7-35 中的波形,在 20dBm 泵浦时,信号并没有出现严重的展宽现象。为了测量不同泵浦功率情况下的信号增益,我们测量了信号的增益与泵浦功率的关系,如图 7-36 所示。从图 7-36 可以看出,随着泵浦功率的增加,信号的增益逐渐增加,在 20dBm 泵浦功率时,信号的增益并没有出现增益饱和的现象,这说明通信信号处在小信号的增益状态。

为了证明信号延迟的可调节性,我们测量了信号在不同增益下的延迟,如图 7-37 所示。从图 7-37 可以看出,信号的延迟随着布里渊增益的增加,呈现线性增加的趋势,延迟与增益的比率约为 31ps/dB,实验获得的延迟与增益的比率大于以前报道的数值[34,35],这主要是因为,我们使用的是多纵模布里渊泵浦,多纵模布里渊泵浦改变了布里渊的增益与延迟[14,29],另外,当布里渊泵浦带宽大于 11GHz 时,布里渊散射的增益谱与损耗谱重叠影响了布里渊增益和延迟的大小。

在图 7-37 中,同时给出了误码率与接收功率的关系,从图 7-37 可以看出,在 17dBm 泵浦功率时,最小误码率为 10^{-9},结合图 7-35 可以得出在无误码(BER<10^{-9})下的延迟为 83.0ps。为了进一步检验延迟后信号的质量,我们测量了信号的眼图,如图 7-38 所示。在测量中,我们定义了眼图的临时中心去定义信号的位置,从图 7-38 可以看出,随着泵浦功率的增加,眼图的延迟也逐渐增加,且相同泵浦功率下的延迟与信号波形的延迟相同(见图 7-35)。在高功率泵浦下,可以获得较大的延迟,但是在高功率泵浦时,信号眼图的噪声较大,且眼图张开程度逐渐减小,这主要是因为,随着泵浦功率的增加,信号中混叠的瑞利噪声和自发辐射噪声也逐渐增加,降

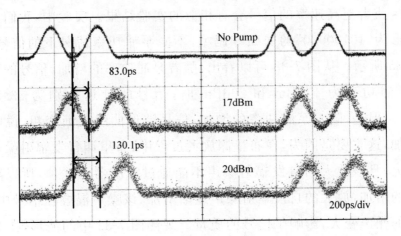

图 7-35　延迟的信号波形

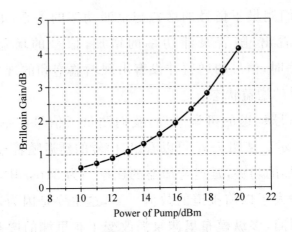

图 7-36　布里渊增益与泵浦功率的关系

低了信号的质量,这一点也可以从图 7-37 中的误码率观测到。

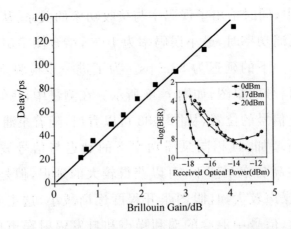

图 7-37　信号的延迟与布里渊增益的关系及误码率

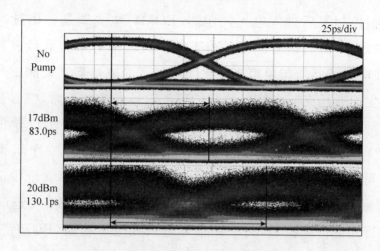

图 7-38　不同泵浦功率时延迟信号的眼图

7.3　基于布里渊散射效应的多通道通信信号速度控制系统实验研究

7.3.1　实验装置

多通道通信信号速度控制系统的实验装置如图 7-39 所示。布里渊泵浦是一个基于半导体光放大器的环形腔激光器，如图 7-39 中的虚线框所示，它包括偏振控制器（PC）、半导体光放大器（SOA）、两个光纤光栅滤波器（FBG）、两个光隔离器（ISO）、可变光衰减器（VOA1）和一个 80∶20 光耦合器（Coupler1）。从 7.2 节的测试可以得出，该半导体光放大器的小信号最大增益为 21dB，增益带宽为 67nm，中心波长为 1532nm。两个光纤光栅滤波器（FBG）的中心波长分别为 1530nm 和 1531nm，其 3dB 带宽分别为 0.14nm 和 0.13nm，两个光纤光栅滤波器决定了环形腔激光器的输出波长和激光谱形。在环形腔中，可变光衰减器（VOA1）用来改变环形腔的损耗以便改变环形腔激光器的激光谱。从耦合器（Coupler1）20％的输出端输出的激光首先进入掺铒光纤放大器（EDFA）的输入端进行放大后作为布里渊泵浦光源，放大后的泵浦光经环形器（OC2）进入 24km 的普通单模光纤中产生布里渊散射。两个窄线宽可调谐激光光源（TLS）发出的光分别经过偏振控制器后进入电光调制器（EOM），电光调制器由脉冲码型产生器驱动产生所需的信号脉冲。为了防止高功率的泵浦信号进入电光调制器中，在电光调制器与单模光纤之间增加了光隔离器。泵浦信号在单模光纤中产生的斯托克斯光信号的波长等于信号光的波长时，信号就会被放大且产生延迟，被放大的信号经环形器（OC2）的第三个端口输出耦合器（Coupler2）。为了减小信号间串话的噪声，我们使用了一个可调滤波器（VOF）。可调光衰减器（VOA2）是为了在信号的误码率测量中调节信号的接收功率。从耦合器（Coupler3）输出的信号，一路进入光谱分析仪（OSA）进行光谱信息测量，另一路信号进入光电检测器（PD）转换成电信号，电信号经示波器进行采集分析。

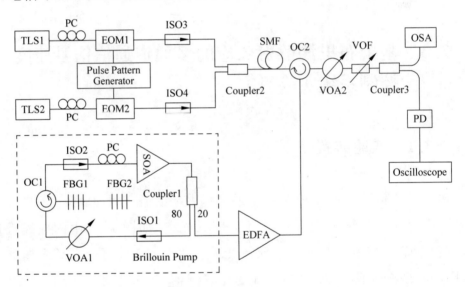

图 7-39　多通道通信信号速度控制系统的实验装置

7.3.2　实验结果与分析

由于半导体光放大器的增益带宽较大（约 67nm），所以利用不同中心波长的滤波器获得多波长输出的激光器，在实验中，由于条件的限制，只使用了两个光纤光栅滤波器获得双波长激光器，去证明多通道布里渊散射慢光。两个光纤光栅滤波器的中心波长分别为 1530nm 和 1531nm，3dB 带宽分别为 0.14nm 和 0.13nm。当半导体光放大器的偏置电流为 120mA，可调光衰减器（VOA1）的损耗为 8dB 时，利用光谱分析仪，获得的多波长激光器的光谱如图 7-40 所示。从图 7-40 可以看出，该宽带激光器输出的两个波长具有相同的功率，约为 −11dBm，这可以确保在延迟不同信号时，具有相同的延迟和增益，能够较好地适用于目前的波分复用光通信系统，双波长激光器的 3dB 带宽分别为 11.6GHz 和 11.2GHz。为了进一步分析该激光器的激光光谱，我们测量了激光器的纵模间隔和差频谱形，如图 7-41 所示。从图 7-41 可以看出纵模间隔约为 7MHz，由前面的分析可知，这样的纵模间隔可以形成平滑的布里渊增益谱，以确保稳定的布里渊延迟和增益。该多波长激光器的差频谱如图 7-41 和图 7-42 所示，从图 7-41 和图 7-42 可以看出，该多波长的激光差频谱都是高斯型分布，3dB 带宽分别为 11.6GHz 和 11.2GHz，这与图 7-40 中的光谱带宽相同。由于布里渊散射谱等于布里渊泵浦的光谱与光纤本征布里渊散射谱（单模光纤约 35MHz）的卷积，且当泵浦光源的谱宽比光纤本征布里渊谱带宽大得多时，布里渊增益谱的谱宽约等于泵浦激光的谱宽，所以，利用该激光器泵浦获得布里渊增益谱的宽度大于 10GHz，可以支持大于 10Gbit/s 的高速信号延迟。

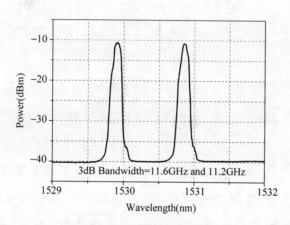

图 7-40　多波长激光器的光谱

由于缺乏更高速的光电检测器，我们使用 8Gbit/s 的非归零码信号去证明该多波长激光器泵浦的多通道宽带布里渊散射慢光的性能。当布里渊泵浦的输出功率为 15dBm 时，两个信号的光谱如图 7-43 和图 7-44 所示，其中图 7-43 为没有利用可调光滤波器（VOF）时的信号光谱。从

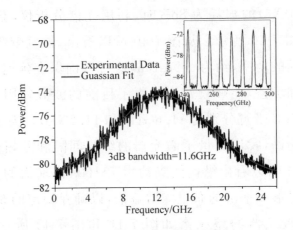

图 7-41　泵浦光的差频谱与纵模间隔

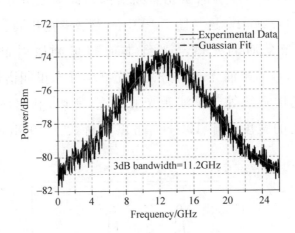

图 7-42　激光器的差频谱

图 7-43 可以看出,两个信号的波长等于泵浦信号的斯托克斯信号波长,两束信号光都被放大,在放大信号的左边是泵浦光在光纤中产生的瑞利散射信号,该瑞利散射信号将会降低信号的质量。为了降低来自另一路信号的串话噪声,我们利用可调滤波器滤除另一路信号,测得的光谱如图 7-44 所示。从图 7-44 可以看出两路信号的消光比约为 22dB,因为实验中的可调滤波器的带宽约为 0.2nm,另一路信号没有完全滤除掉,若使用更窄的滤波器可以提高信号的消光比,以提高信号的质量。图 7-43 中的(1)和(2)区域中的光功率幅度是不相等的,这主要是由于掺铒光纤放大器在该区域的不均衡放大造成的。掺铒光纤放大器放大的平稳区域较窄,主要集中在1550~1560nm,而在 1530~1542nm 之间的放大是不均衡的,这样就造成

了图 7-43 中(1)和(2)的功率不相等的区域。

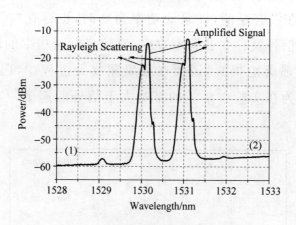

图 7-43　无可调滤波器时的光谱

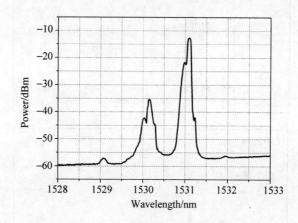

图 7-44　使用可调滤波器时的光谱

为了证明多通道布里渊散射慢光的连续可调谐性,以及由于码型效应产生的信号扭曲,我们选取的信号码型为"1011001110000"。在 0dBm、19dBm 和 21dBm 泵浦功率下的信号码型如图 7-45 所示,从图 7-45 可以看出,在高泵浦功率时,获得较高的信号延迟,随着信号功率的增加,信号中的噪声逐渐增加,这主要是因为布里渊放大过程也是噪声放大的过程,在高功率泵浦时,布里渊放大的自发布里渊散射噪声功率较大,而且这些噪声不能被滤波器滤除掉。此外还可以看出,在相同泵浦功率时,通道 Ch♯2 中的信号波形曲线比通道 Ch♯1 的信号波形曲线粗,说明通道 Ch♯2 中的噪声高于通道 Ch♯1 的噪声,这主要是由于布里渊放大的自发辐射噪声和掺铒光纤放大器的不平衡放大造成。

　　为了研究信号的码型效应,我们观测信号在不同泵浦时纵向上的变化。图 7-45 中在没有泵浦,即泵浦功率为 0 时,也存在"0"信号的折叠部分,这说明原始信号就存在着码型效应,而随着泵浦功率的增加,信号中的"0"码并没有被显著地提高,说明在布里渊放大过程中,码型效应并不明显,这主要是因为在实验中泵浦的带宽大于信号的速率,且泵浦功率也不是很高。

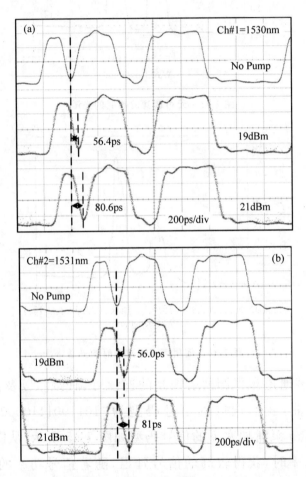

图 7-45　不同泵浦功率下的延迟码型(1011001110000)

　　不同泵浦功率下的布里渊增益以及不同布里渊增益下的延迟关系分别如图 7-46 和图 7-47 所示。从图 7-46 和图 7-47 可以看出,布里渊增益随着泵浦功率的增加逐渐增加,但是 1531nm 的信号增益大于 1530nm 信号的增益,这是因为在布里渊泵浦过程中,当泵浦带宽大于 11GHz 时,布里渊损耗谱与增益谱有部分重叠,这就降低了增益谱的带宽和转换效率,从而引起了信号增益的改变[35]。信号的延迟随着布里渊增益的增加逐渐增加，延迟与增益的斜率约为 22ps/dB 和 23dB/dB，这说明了信号的延迟具有连续可调谐性。

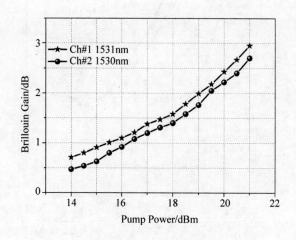

图 7-46　信号的延迟与布里渊增益的关系

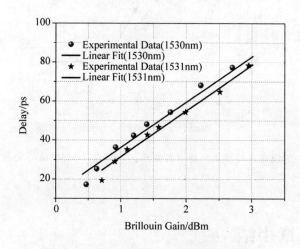

图 7-47　信号的延迟与布里渊增益的关系

为了进一步检验信号经过布里渊泵浦后的质量，我们利用 2^7-1 的伪随机信号测量延迟信号的误码率，误码率随着接收功率的测量关系如图 7-48 所示。从图 7-48 可以看出，在没有泵浦功率时，随着接收功率的增加，信号的误码在增加，在泵浦功率为 19dBm 时，误码率低于 10^{-9}，此时信号的延迟分别为 56.4ps 和 56.0ps，而在 21dBm 的泵浦功率下，误码率随着接收功率的增加，先减小再增加，这主要是因为在高功率泵浦时，布里渊放大的自发辐射噪声较高，以及来自另一路信号的串话噪声，此时，信号的

误码率约为 10^{-8}。所以,信号的无误码的延迟约为 $56.4\mathrm{ps}$ 和 $56.0\mathrm{ps}$。

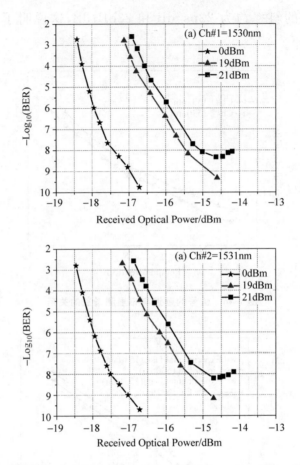

图 7-48　信号的误码率与接收光功率的关系:(a)通道 1 1530nm;(b)通道 2 1531nm

7.4　本章小结

　　本章首先从理论上分析了纵模间隔对多布里渊增益线慢光的延迟与增益的影响,发现随着纵模间隔的减小,信号增益与延迟的抖动逐渐减小,延迟后的信号展宽也逐渐减小,当纵模间隔与布里渊增益谱带宽的比值小于 0.3 时,增益和延迟的抖动以及信号的展宽都可以忽略。提出了利用半导体光放大器获得了多纵模宽带泵浦源,当利用可调谐滤波器获得可调谐激光泵浦时,获得可调谐泵浦源的纵模间隔为 6MHz,3dB 带宽为

11.5GHz,调谐范围为 1515～1560nm,带宽波动约为 100MHz;根据布里渊增益谱的宽度与泵浦带宽的关系可知,该泵浦源可以在低扭曲情况下延迟超过 10Gbit/s 的高速信号。由于实验条件的限制,利用 8Gbit/s 的高速信号,在 17dBm 泵浦情况下获得了 83ps 无误码的延迟。在多通道布里渊散射慢光方面,利用两个光纤光栅滤波器获得了双波长宽带泵浦源,其纵模间隔为 7MHz,3dB 带宽分别为 11.6GHz 和 11.2GHz,在 19dBm 泵浦时,分别获得了 56.4ps 和 56.0ps 无误码的延迟。

参考文献

[1] Goldblattn. Stimulated Brillouin scattering[J]. Applied Optics, 1969, 8(8): 1559-1566.

[2] Kovalev V I, Harrison R G. Threshold for stimulated Brillouin scattering[J]. Optics Express, 2007, 15(26): 17625-17630.

[3] Velchev, Ubachs W. High-order stimulated Brillouin scattering with nondiffracting beams[J]. Optics Letters, 2001, 26(8): 530-532.

[4] Djupsjobacka, Jacobsen G, Tromborg B. Dynamic stimulated Brillouin scattering analysis[J]. Journal of Lightwave Technology, 2000, 18(3): 416-424.

[5] Harrsion R G, Yu D, Lu W, et al. Chaotic stimulated Brillouin scattering: Theory and experiment[J]. Physica D: Nonlinear Phenomena 1995, 86 (1-2): 182-188.

[6] Giacone R E, Vu H X. Nonlinear kinetic simulations of stimulated Brillouin scattering[J]. Phys. Plasmas. 1998, 5(5): 1455-1460.

[7] Okey M A, Osborne M R. Broadband stimulated Brillouin scattering[J]. Optics Communications, 1992, 89(2): 269-275.

[8] Chu R, Kanefsky M, Falk J. Numerical study of transient stimulated Brillouin scattering[J]. Applied Physics. 1992, 71(10): 4653-4658.

[9] Abedin K S. Stimulated Brillouin scattering in single-mode tellurite glass fiber [J]. Optics Express, 2006, 14(24): 11766-11772.

[10] Sang H L, Kim C M. Chaotic stimulated Brillouin scattering near the threshold in a fiber[J]. Optics Letters, 2006, 31(21): 3131-3133.

[11] Zhu Y, Lee M, Neifeld M A, et al. High-fidelity, broadband stimulated

Brillouin scattering based slow light using fast noise modulation[J]. Optics Express, 2011, 19(2): 687-697.

[12] Lee M, Zhu Y, Gauthier D J, et al. Information-theoretic analysis of a stimulated Brillouin scattering based slow light system[J]. Applied Optics, 2011, 50(32): 6063-6072.

[13] Stenner M D, Neifeld M A, Zhu Z, et al. Distortion management in slow-light pulse delay[J]. Optics Express, 2005, 13(25): 9995-10002.

[14] Pant R, Stenner M D, Neifeld M A, et al. Maximizing the opening of eye diagrams for slow-light systems [J]. Applied Optics, 2007, 46 (26): 6513-6519.

[15] Lee M, Zhu Y, Gauthier D J, et al. Information-theoretic analysis of a stimulated-Brillouin-scattering-based slow light system[J]. Applied Optics, 2011, 50(32): 6063-6072.

[16] Zhu Y, Lee M, Neifeld M A, et al. High-fidelity, broadband stimulated Brillouin-scattering-based slow light using fast noise modulation[J]. Optics Express, 2011, 19(2), 687-697.

[17] Zhang B, Yan L, Fazal I, et al. Slow light on Gbit/s differential phase shift keying signals[J]. Optics Express, 2007, 15(4), 1878-1883.

[18] Yi L, Jaouen Y, Hu W, et al. Improved slow-light performance of 10Gb/s NRZ, PSBT and DPSK signals in fiber broadband SBS[J]. Optics Express, 2007, 15(25): 16972-16979.

[19] Pant R, Stenner M D, Neifeld M A, et al. Optimal pump profile designs for broadband SBS slow-light systems [J]. Optics Express, 2008, 16 (4): 2764-2777.

[20] Cabrera-Granado E, Calderon O G, Melle S, et al. Observation of large 10-Gb/s SBS slow light delay with low distortion using an optimized gain profile [J]. Optics Express, 2008, 16(20): 16032-16042.

[21] Lee M, Zhu Y, Gauthier D J, et al. Information-theoretic analysis of a stimulated-Brillouin-scattering-based slow-light system[J]. Applied Optics, 2011, 50(32): 6063-6072.

[22] Sakamoto T, Yamamoto T, Shiraki K, et al. Low distortion slow light in flat Brillouin gain spectrum by using optical frequency comb[J]. Optics Express, 2008, 16(11): 8026-8032.

[23] Dong Y, Lu Z, Li Q, et al. Broadband Brillouin slow light based on multifrequency phase modulation in optical fibers[J]. Journal of the Optical Society of America B, 2008, 25(12): c109-c115.

[24] Yi L, Zhan L, Hu W, et al. Delay of broadband signals using slow light in

stimulated Brillouin scattering with phase-modulated pump [J]. IEEE Photonics Technology Letters, 2007, 19(8): 619-621.

[25] Shi Z, Pant R, Zhu Z, et al. Boyd. Design of a tunable time-delay element using multiple gain lines for increased fractional delay with high data fidelity [J]. Optics Letters, 2007, 32(14): 1986-1988.

[26] Shumakher E, Orbach N, Nevet A, et al. On the balance between delay, bandwidth and signal distortion in slow light systems based on stimulated Brillouin scattering in optical fibers[J]. Optics Express, 2006, 14(13): 5877-5884.

[27] Zadok A, Eyal A, Tur M. Stimulated Brillouin scattering slow light in optical fibers[J]. Applied Optics, 2011, 50(25): E38-E49.

[28] Minardo A, Bernini R, Zeni L. Low distortion Brillouin slow light in optical fibers using AM modulation[J]. Optics Express, 2006, 14(13): 5866-5876.

[29] Lu Z, Dong Y, Li Q. Slow light in multi-line Brillouin gain spectrum[J]. Optics Express, 2007, 15(4): 1871-1877.

[30] Dong Y, Lu Z, Li Q, et al. Broadband Brillouin slow light based on multi-frequency phase modulation in optical fibers [J]. Journal of the Optical Society of America B, 2008, 25(12): c109-c115.

[31] Agrawal P G, Nonlinear fiber optics [M]. 2001, New York: Academic Press.

[32] Michael J Connelly. Semiconductor optical Amplifiers[J]. Kluwer Academic Publisher 2002.

[33] Hodgson, Weber H. Laser resonators and beam propagation[M]. 2nd ed. 2005: Springer.

[34] Herraez M G, Song K Y, Thevenaz L. Broad-bandwidth Brillouin slow light in optical fibers[C]. In Proc. OFC 2006, paper OTuA2.

[35] Zhu Z, Dawes A M C, Gauthier D J, et al. Broadband SBS slow light in an optical fiber[J]. Journal of Lightwave Technology, 2007, 25(1): 201-206.